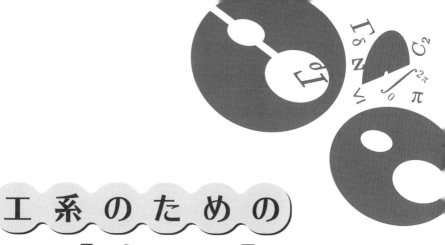

理工系のための

関数論

上江洌達也・吉岡英生　著

共立出版

はじめに

　この教科書では，複素関数論の基礎と特殊関数，さらにそれらを用いた物理学や工学の問題への応用について解説する．できるだけこの本だけで閉じた記述となるように努めたが，初等的な定理は付録に記述してそれらの証明は参考文献をあげることにした．

　この本は，理系の教科書としては，他の本にない特徴を持っていると考えている．すなわち，数学的な厳密さには注意を払いつつ，なるべく多くの話題を取り上げるように努めた．また，数学科の学生のみならず，物理，工学系の学科の学生にも理解しやすいような数学的な記載に努めた．例えば，ϵ-δ 論法の使用はごくわずかにして，図による説明を行って理解を深めさせるなどの工夫もしている．また，章を追うに従って基礎的な事柄からより高度な内容になる構成となっており，章ごとに特徴がある．

　執筆の担当は，以下のとおりである．

第 1, 2 章，付録 I〜VIII： 上江洌

第 3〜8 章：吉岡

以下に各章の具体的な内容と特徴について説明する．

　第 1 章では，複素関数論の基礎を解説した．特に，複素関数が正則であるという条件のみから，無限回微分可能性などを示すことができるが，その際に，「単連結領域における長さ有限の閉曲線での線積分が 0 になる」というコーシーの基本定理が鍵となる．しかし，これの証明には，スティルチェス積分などの準備が必要であり，多くの類書では記されていない．しかしながら，

その証明自体，大変興味深く，また，理解するのはそれほど難しくない．そこで，関連する定義や定理とともに，その証明を付録に記載した．興味を持たれた読者は目を通していただければ幸いである．第 2 章では，理工学への応用，特に，電磁気学や流体力学における問題を解説した．第 3 章では，部分分数展開と無限乗積を用いた関数の表現を解説する．この方法は理論物理の実際の計算の中で数多く用いられている．第 4 章，及び第 6 章から第 8 章は，いわゆる特殊関数の紹介である．第 4 章は自然数の階乗を複素数に拡張したガンマ関数とそれに関連した関数の解説である．第 5 章では，2 階微分方程式のべき級数を用いた解法を紹介する．この方法に基づいて，第 6, 7, 8 章では物理に現れる様々な特殊関数の解説を行なっている．

　誤植や訂正等については，訂正表を以下のホームページに掲載し，随時更新する予定である．

https://www.kyoritsu-pub.co.jp/bookdetail/9784320114531

　本書全体を通じて，主として巻末にあげた文献を参考にしている．第 1 章は田村二郎著『解析関数』（裳華房，1983），付録 VII は辻正次著『複素函数論』（槇書店，1968）の記載を大いに参考にさせていただいた．特に，第 5 章の方法に基づいて第 6, 7, 8 章を解説するというアプローチは，著者の一人が学生時代に学んだ永宮健夫著『応用微分方程式論』（共立出版，1967）で用いられているものであり，本書の記述は，この教科書および同様の手法を用いた福山秀敏・小形正男著『物理数学 I』（朝倉書店，2003）に基づいている．ここに明記して，特に感謝したい．

　また，原稿を読んでいただき，有益なコメントをしていただいた，島田一平氏，狐崎創氏，柳沢卓氏に感謝したい．特に狐崎氏には，詳細なコメントをいただいた．深く感謝する次第である．また，柳沢氏には，コーシーの基本定理の証明に関して文献を紹介していただいた．ここに感謝したい．

　本書は，数学書房のテキスト理系の数学 7『関数論』として出版予定であったが，諸般の事情により，共立出版から出版する運びとなった．共立出版をご紹介いただいた泉屋周一氏，同社の大谷早紀さん，三浦拓馬さんには大変お世話になり，感謝したい．また，数学書房の理系の数学シリーズ編集委員諸氏に

は，辛抱強く待っていただいた．ここに，深く感謝する次第である．

令和 3 年　初夏

上江洌達也・吉岡英生

目　　次

第1章

複素関数の基礎

この章では，複素関数の基礎的事項を解説し，第2章以降で用いる基本的定理の証明を記す．一部，ϵ-δ論法を用いた証明も記すが，できるだけ簡潔に記述する．

1.1 複素数

まず，複素数について簡単にまとめる[1]．複素数 z は，2つの実数 x, y と，虚数単位と呼ばれる i を用いて，次のように定義される．

$$z = x + iy, \ x, y \in \mathbb{R}. \tag{1.1}$$

虚数単位 i は，$i^2 = -1$ を満たすものとする．また，$\mathbb{R}$ は実数全体の集合を表す．複素数全体の集合は $\mathbb{C}$ と表記する．x, y はそれぞれ複素数 z の実部，虚部と呼ばれ，$\mathrm{Re}\,z, \mathrm{Im}\,z$ と表す．複素数は，加減乗除に関しては，$i^2 = -1$ とする以外は，実数と同じ規則に従うとする．すなわち，$z_1 = x_1 + iy_1, z_2 = x_2 + iy_2$ とするとき，

---

1) 例えば，数学書房の「テキスト 理系の数学」シリーズ 1『リメディアル数学』第 4 章等を参照．以下，理系の数学シリーズと略す．

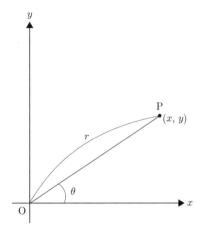

図 **1.1**: ガウス平面[*]

$$z_1 \pm z_2 = (x_1 + iy_1) \pm (x_2 + iy_2) = (x_1 \pm x_2) + i(y_1 \pm y_2),$$

$$z_1 z_2 = (x_1 + iy_1)(x_2 + iy_2) = (x_1 x_2 - y_1 y_2) + i(x_1 y_2 + y_1 x_2),$$

$$\frac{z_1}{z_2} = \frac{x_1 + iy_1}{x_2 + iy_2} = \frac{(x_1 + iy_1)(x_2 - iy_2)}{(x_2 + iy_2)(x_2 - iy_2)}$$

$$= \frac{x_1 x_2 + y_1 y_2}{x_2^2 + y_2^2} + i\frac{y_1 x_2 - x_1 y_2}{x_2^2 + y_2^2}, \quad (但し, \ z_2 \neq 0)$$

となる. また, z の虚部の符号をマイナスにした複素数は共役複素数といい, z^* または $\bar{z}$ で表す[2].

$$z^* = x - iy. \tag{1.2}$$

複素数は, 実部と虚部が指定されれば確定するので, 2 次元平面で表すことができる. すなわち, 通常の 2 次元平面で, x 軸を実軸, y 軸を虚軸と呼んで, (x, y) の点が複素数 $z = x + iy$ を表すと考える. このとき, この平面を複素平面, あるいはガウス平面と呼ぶ.

---

2) 数学では $\bar{z}$ を用いるが, 物理では, z^* がよく用いられる.

[*] ガウス平面において, 実軸を x, 虚軸を y で表す. また, ガウス平面上の座標 (x, y) の点は, $z = x + iy$ などと記す.

$z \neq 0$ のとき，図 1.1 のように，ガウス平面において，座標 (x, y) の点を P とし，P と原点 O との距離を $r = \sqrt{x^2 + y^2}$，x 軸の正の向きと線分 $\overline{\mathrm{OP}}$ とがなす角を θ とするとき，r を複素数 $z = x + iy$ の絶対値と呼んで $|z|$ で表し，θ を z の偏角と呼んで $\arg z$ と表す．偏角は，2π の整数倍だけの不定性がある．特に，$-\pi < \theta \leq \pi$ のとき，θ を z の主値と呼び，$\mathrm{Arg}\, z$ と表す．x, y, z と絶対値 $r = |z|$ と偏角 θ の関係は，

$$x = r\cos\theta,\ y = r\sin\theta,\ z = r(\cos\theta + i\sin\theta), \tag{1.3}$$
$$r = \sqrt{x^2 + y^2}, \tan\theta = \frac{y}{x}\ (x \neq 0),$$
$$\theta = \frac{\pi}{2} \pmod{2\pi}\ (x = 0, y > 0),\ \theta = -\frac{\pi}{2} \pmod{2\pi}\ (x = 0, y < 0)$$

となる．ここで， $\mod 2\pi$ は，左辺が右辺に 2π の整数倍を加えたものであることを表す．つまり，左辺 − 右辺が 2π の整数倍であることを意味する．また，

$$|z|^2 = zz^* \tag{1.4}$$

である．$z = 0$ のときは，絶対値は 0 で，偏角は任意の値をとるとする．絶対値と偏角については，次式が成り立つ．

$$|z_1 z_2| = |z_1||z_2|,\ \arg(z_1 z_2) = \arg(z_1) + \arg(z_2) \pmod{2\pi}, \tag{1.5}$$
$$z_2 \neq 0, \left|\frac{z_1}{z_2}\right| = \frac{|z_1|}{|z_2|},\ \arg\left(\frac{z_1}{z_2}\right) = \arg(z_1) - \arg(z_2) \pmod{2\pi}, \tag{1.6}$$
$$|z| = 0 \iff z = 0, \tag{1.7}$$
$$|z_1 + z_2| \leq |z_1| + |z_2|, \tag{1.8}$$
$$||z_1| - |z_2|| \leq |z_1 - z_2|. \tag{1.9}$$

問 1.1.1 (1.5)-(1.9) を示せ．

二つの複素数 z_1, z_2 の和 $z_1 + z_2$ は，図 1.2 のように，平行四辺形の対角線の位置にある．また，それらの積 $z_1 z_2$ は，(1.6) の絶対値と偏角の関係式か

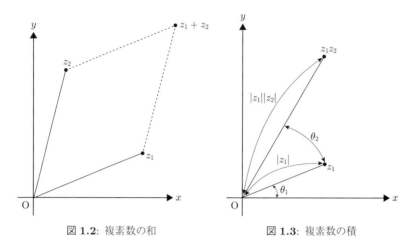

図 1.2: 複素数の和　　　　　　図 1.3: 複素数の積

ら分かるように，z_1 を z_2 の偏角 θ_2 だけ回転して，z_1 の大きさを z_2 の大きさ $|z_2|$ 倍した位置にある．特に，$|i| = 1$, $\arg(i) = \frac{\pi}{2} \ (\mathrm{mod}\ 2\pi)$ であるから，虚数単位 i を掛けることは，複素数を反時計回りに $\frac{\pi}{2}$ 回転させることである．z_1 と z_2 の間の距離を $d(z_1, z_2)$ とするとそれは，$d(z_1, z_2) = |z_1 - z_2|$ で定義される．これが以下の距離の性質を満たしていることは，(1.8), (1.9) より直ちに分かる．

(1) $d(z_1, z_2) \geq 0$, かつ，$d(z_1, z_2) = 0 \iff z_1 = z_2$.

(2) $d(z_1, z_2) = d(z_2, z_1)$.

(3) $d(z_1, z_2) + d(z_2, z_3) \geq d(z_1, z_3)$.

1.2　実変数の複素数値関数

$$w = f(x),\ x \in (a, b) \tag{1.10}$$

とする．ここで，$w, f(x) \in \mathbb{C}$ である．

$$\lim_{x \to x_0} \frac{f(x) - f(x_0)}{x - x_0} \tag{1.11}$$

が存在するとき，$f(x)$ は x_0 において微分可能であるといい，極限値を x_0 に

おける微分係数と呼ぶ．(a,b) の各点で微分可能であるとき，各点にその微分
係数を対応させる複素数値関数を考えることができるが，これを f の導関数
という．導関数は，実関数の場合と同様に

$$\frac{dw}{dx},\ f'(x)$$

のように表す．$w = f(x)$ の実部を u，虚部を v とおくと，u,v は x の実関数
である．それらを $\varphi(x),\psi(x)$ とおく．

$$w = u + iv,\ u = \varphi(x),\ v = \psi(x). \tag{1.12}$$

$f(x)$ が微分可能であるための必要十分条件は，$\varphi(x),\psi(x)$ が微分可能である
ことである．このとき，

$$\frac{dw}{dx} = \frac{du}{dx} + i\frac{dv}{dx} \tag{1.13}$$

となる．

<u>証明</u>　$\displaystyle\lim_{x\to x_0}\frac{f(x)-f(x_0)}{x-x_0} = \alpha$ とする．この定義は，

$$\lim_{x\to x_0}\left|\frac{f(x)-f(x_0)}{x-x_0} - \alpha\right| = 0$$

ということである．$\alpha = a + ib$ とおく．

$$\frac{f(x)-f(x_0)}{x-x_0} - \alpha = \frac{u(x)-u(x_0)}{x-x_0} - a + i\left(\frac{v(x)-v(x_0)}{x-x_0} - b\right) = X + iY,$$

$$X = \frac{u(x)-u(x_0)}{x-x_0} - a, Y = \frac{v(x)-v(x_0)}{x-x_0} - b.$$

このとき，

$$|X|,|Y| \le |X+iY| \le |X|+|Y|$$

が成り立つから，$x \to x_0$ のとき，

$$|X+iY| \to 0 \iff |X| \to 0\ \text{かつ}\ |Y| \to 0$$

となる．つまり，

$$f'(x_0) = \alpha \iff u'(x_0) = a \text{ かつ } v'(x_0) = b.$$

また，$\alpha = a + ib$ より，$f'(x_0) = u'(x_0) + iv'(x_0)$ となる． $\square$

1.3 複素関数

1.3.1 正則関数

まず，いくつか定義を記す．

◇ **複素平面内の曲線**

実数のある閉区間 $[\alpha, \beta]$ から複素平面への連続写像として曲線を定義する．

集合が**連結**であることを次のように定義する．

【定義】 連結 集合が連結とは，その集合内の任意の2点をその集合内の曲線で結ぶことができることである．

また，集合が**領域**であるとは次のように定義される．

【定義】 領域 集合 D が領域とは，D が連結な開集合であることである[3]．

複素平面の領域 D 内の複素数 z に別の複素数 w を対応させる．この対応を $w = f(z)$ と書く．これは，複素関数と呼ばれる．連続性や微分可能性は実数の場合と同様に定義される．ここでは，特に微分について説明する．$z \in D$ に対して，次のように極限が存在するとする．

$$\lim_{z \to z_0} \frac{f(z) - f(z_0)}{z - z_0} = \alpha \tag{1.14}$$

すなわち，

任意の $\varepsilon > 0$ に対して $\delta > 0$ が存在して，

$|z - z_0| < \delta$ ならば，$\left| \dfrac{f(z) - f(z_0)}{z - z_0} - \alpha \right| < \varepsilon$ となる

---

3) 詳しくは，巻末の微分積分学の文献を参照．

ならば，$f(z)$ は z_0 において微分可能であるといい，極限値 α を $f(z)$ の z_0 における微分係数と呼び，$f'(z_0)$ と書く．ここで，極限値は z_0 への近づき方によらないことを要請していることに注意せよ．D の各点で $f(z)$ が微分可能なとき，$f(z)$ は D において**正則**であるといい，それらの点で微分係数を対応させる関数を導関数という．導関数は，

$$\frac{dw}{dz},\ f'(z)$$

のように表す．

実数の場合と同様，以下の微分の規則が成り立つ．

$$(f \pm g)' = f' \pm g',\quad (fg)' = f'g + fg',\quad \left(\frac{f}{g}\right)' = \frac{f'g - fg'}{g^2}.$$

但し，最後の式において，$g(z) \neq 0$ とする．

問 1.3.1

(1) 上の微分の規則を証明せよ．

(2) 自然数 n について，$(z^n)' = nz^{n-1}$ 示せ．

(3) 合成関数の微分の公式

微分可能な二つの複素関数 $z = f(\zeta), w = g(z)$ が合成できるとする．このとき，$w = g(f(\zeta))$ は ζ で微分可能で，

$$\frac{dw}{d\zeta} = \frac{dw}{dz}\frac{dz}{d\zeta} \tag{1.15}$$

となることを示せ．

複素関数の微分では，複素平面のどの方向から近づいても同じ極限になるという強い条件を要求している[4]．そのため，微分可能な関数は後述するように極めてよい性質をもつことが分かる．

---

[4] 複素平面で微分が方向によらないという性質は，2 次元の実空間で微分が方向によらないという性質より強い条件になっている．

1.3.2 コーシー・リーマン (Cauchy-Riemann) の関係式

複素関数が微分可能なとき，次の**コーシー・リーマンの関係式 (1.16)** が成り立つ.

定理 1.3.1 $w = f(z), w = u + iv$ とする. w が領域 D で微分可能ならば，

$$u_x = v_y, \quad v_x = -u_y \tag{1.16}$$

となる.

ここで，u_x は，関数 $u(x,y)$ の x に関する偏微分を表す. 即ち，$u_x = \dfrac{\partial u}{\partial x}$ である. 同様に，$u_y = \dfrac{\partial u}{\partial y}, v_x = \dfrac{\partial v}{\partial x}, v_y = \dfrac{\partial v}{\partial y}$ である.

証明 $z = x + iy$ を x, y で偏微分すると，

$$\frac{\partial z}{\partial x} = 1, \ \frac{\partial z}{\partial y} = i$$

となる. したがって，$w = u(x,y) + iv(x,y)$ を x で偏微分すると[5]

$$\frac{\partial w}{\partial x} = \frac{\partial u}{\partial x} + i\frac{\partial v}{\partial x} = \frac{dw}{dz}\frac{\partial z}{\partial x} = f'(z)$$

となる. 最初の等号では，w を x の関数として偏微分しており，2つ目の等号では，w を z を介した合成関数として x で偏微分している. 次に，$w = u(x,y) + iv(x,y)$ を y で偏微分すると，

$$\frac{\partial w}{\partial y} = \frac{\partial u}{\partial y} + i\frac{\partial v}{\partial y} = \frac{dw}{dz}\frac{\partial z}{\partial y} = if'(z)$$

となる. 従って，

$$f'(z) = \frac{\partial u}{\partial x} + i\frac{\partial v}{\partial x} = -i\left(\frac{\partial u}{\partial y} + i\frac{\partial v}{\partial y}\right) \tag{1.17}$$

であるが，実部と虚部をそれぞれ等しいとおいて，

---

[5] w は z で微分でき，z は x で微分できるので，w は x で微分できる. y についても同様.

$$u_x = v_y, \quad v_x = -u_y \tag{1.18}$$

が得られる. □

逆に，次の命題を証明することができる[6].

定理 1.3.2 $w = f(z) = u + iv$ において，u, v が x, y で偏微分可能で領域 D でコーシー・リーマンの関係式を満たすとする．もし，1次の偏導関数 u_x, u_y, v_x, v_y が全て D で連続なら，$f(z)$ は D で微分可能，つまり正則である.

証明 D 内の2点を $z_0 = x_0 + iy_0, z = x + iy$ とする．また，$h = x - x_0, k = y - y_0$ とおく．1次偏導関数が全て連続なので，u, v は2変数関数の意味で微分可能である[7]．従って，

$$u(x, y) - u(x_0, y_0) = u_x(x_0, y_0)h + u_y(x_0, y_0)k + o(\sqrt{h^2 + k^2}), \tag{1.19}$$

$$v(x, y) - v(x_0, y_0) = v_x(x_0, y_0)h + v_y(x_0, y_0)k + o(\sqrt{h^2 + k^2}) \tag{1.20}$$

となる．ここで，$o(x)$ はランダウの記号で，$x \to 0$ のとき，x よりもはやく 0 になる量を表す[8]．すなわち，$\lim_{x \to 0} o(x)/x = 0$ である．$((1.19) + i(1.20))/(z - z_0)$ としてコーシー・リーマンの関係式を用いると，

$$\begin{aligned}
\frac{w(z) - w(z_0)}{z - z_0} &= \Big(u(x, y) - u(x_0, y_0) + i(v(x, y) - v(x_0, y_0)) \Big) \frac{1}{z - z_0} \\
&= \Big(u_x(x_0, y_0) + iv_x(x_0, y_0) \Big) \frac{h}{z - z_0} \\
&\quad + \Big(-v_x(x_0, y_0) + iu_x(x_0, y_0) \Big) \frac{k}{z - z_0} + \frac{o(\sqrt{h^2 + k^2})}{z - z_0} \\
&= u_x(x_0, y_0) + iv_x(x_0, y_0) + \frac{o(\sqrt{h^2 + k^2})}{z - z_0}
\end{aligned}$$

---

6) 後で示すように，$f(z)$ が正則なら，何回でも微分可能である．従って，1.3.2 は 1.3.1 の逆の命題となる.
7) 付録 I の定理 9.1.2 を参照.
8) 付録 I を参照.

となる．よって，$z \to z_0$ のとき，

$$\left| \frac{w(z) - w(z_0)}{z - z_0} - \left(u_x(x_0, y_0) + iv_x(x_0, y_0) \right) \right| = \left| \frac{o(\sqrt{h^2 + k^2})}{z - z_0} \right|$$

$$= \frac{o(\sqrt{h^2 + k^2})}{\sqrt{h^2 + k^2}} \to 0$$

となる．従って，$f(z)$ は D で微分可能となる． $\square$

次に，逆関数の微分を考える．次の定理が成り立つ[9]．

定理 1.3.3 $w = f(z)$ が，z_0 の近傍で正則で，そこで $f'(z_0) \neq 0$ とする．このとき，z_0 を含む適当な領域 D があって，f による D の像を E とすると，$w = f(z)$ により $z \in D$ と $w \in E$ とは 1 対 1 に対応する．従って，逆関数 $z = g(w)$ が定義される．このとき，$z = g(w)$ は $w \in E$ で正則で，

$$\frac{dz}{dw} = \frac{1}{dw/dz} \tag{1.21}$$

となる．

1.3.3 正則関数の性質

D で正則な関数は，実は D で無限回微分可能であることを示すことができる（定理 1.7.3 参照）．このとき，$f(z) = u(x, y) + iv(x, y)$ とすると，$u(x, y)$，$v(x, y)$ は無限回偏微分可能となるので，任意の次数の偏導関数は連続である．コーシー・リーマンの関係式より，

$$u_x = v_y, \tag{1.22}$$

$$u_y = -v_x \tag{1.23}$$

となるが，u, v の全ての 2 次偏導関数は連続であるから，$u_{xy} = u_{yx}$，$v_{xy} = v_{yx}$ が成り立つ[10]．よって，(1.22) を x で偏微分した式に (1.23) を y で偏微分した式を加えると，

---

9)　証明は陰関数定理を用いる．微分積分学の参考書を参照．
10)　微分積分学の参考書を参照．

$$u_{xx} + u_{yy} = 0 \qquad (1.24)$$

を得る．ここで，$u_{xx} = \dfrac{\partial^2 u}{\partial x^2}, u_{xy} = \dfrac{\partial^2 u}{\partial y \partial x}, u_{yx} = \dfrac{\partial^2 u}{\partial x \partial y}, u_{yy} = \dfrac{\partial^2 u}{\partial y^2}$ である．同様にして，

$$v_{xx} + v_{yy} = 0 \qquad (1.25)$$

を得る．$\nabla^2 = \Delta = \dfrac{\partial^2}{\partial x^2} + \dfrac{\partial^2}{\partial y^2}$ は，2 次元のラプラシアンと呼ばれるが，これを用いると (1.24), (1.25) は

$$\Delta u(x, y) = 0, \ \Delta v(x, y) = 0,$$

となる．これらは，ラプラス方程式と呼ばれ，その解は，調和関数と呼ばれる．従って，正則関数の実部と虚部は調和関数となっている．

命題 1.3.1　正則関数について，以下の性質が成り立つ．

(1) 正則関数 $f(z)$ について，$f'(z)$ が D で恒等的に 0 なら，$f(z)$ は D で定数である．

(2) 領域 D で $f'(z) = g'(z)$ なら，$f(z) - g(z)$ は D で定数である．

(3) 領域 D で $f(z)$ が正則で $|f(z)|$ が定数なら，$f(z)$ も定数である．

証明　(1) コーシー・リーマンの関係式より，$u_x = u_y = 0$, $v_x = v_y = 0$ となる．これらを積分することにより，$f(z)$ は D で定数となることが分かる．すなわち，$u_x = 0$ を x で積分して，$u(x, y) = g(y)$ を得る．$g(y)$ は積分定数．これを y で偏微分すると，$u_y = g'(y) = 0$ であるから，$u = g = $ 定数．同様にして，$v = $ 定数となる．

(2) $h(z) = f(z) - g(z)$ とする．D で $h'(z) = 0$ であるから，(1) より，D で $h(z) = $ 一定 となる．

(3) $|f(z)| = c$ とする．$c = 0$ なら $f(z) = 0$ が直ちに分かるので，$c \neq 0$ とする．$u^2 + v^2 = c^2$ であるから，これを x, y で偏微分すると

$$uu_x + vv_x = 0, \tag{1.26}$$

$$uu_y + vv_y = 0. \tag{1.27}$$

第 2 式にコーシー・リーマンの関係式を用いると,

$$-uv_x + vu_x = 0 \tag{1.28}$$

となる. $(1.26) \times v - (1.28) \times u$ より

$$(u^2 + v^2)v_x = c^2 v_x = 0$$

となるから, $v_x = -u_y = 0$. 同様にして, $u_x = v_y = 0$. 従って, 命題 (1) より, $f(z)$ は定数となる. □

1.4 複素積分

1.4.1 実変数の複素数値関数の積分

まず, 有限区間 $I = [a, b]$ で定義された実変数の複素数値関数

$$w = f(x)$$

の積分を考えよう. $f(x) = u(x) + iv(x)$ とする. 簡単のため, f, u, v は I で連続とする. I を n 個の小区間 $[x_{\nu-1}, x_\nu](\nu = 1, 2, \cdots, n)$ に分割する. ここで,

$$a = x_0 < x_1 < \cdots < x_n = b$$

である. $[x_{\nu-1}, x_\nu] \ni \xi_\nu$ を任意に選んで,

$$S = \sum_{\nu=1}^{n} f(\xi_\nu)(x_\nu - x_{\nu-1})$$

を考える.

$$S = \sum_{\nu=1}^{n} u(\xi_\nu)(x_\nu - x_{\nu-1}) + i \sum_{\nu=1}^{n} v(\xi_\nu)(x_\nu - x_{\nu-1}) \equiv S_{\mathrm{R}} + iS_{\mathrm{I}}$$

となる.$\delta = \max_\nu(x_\nu - x_{\nu-1})$ とすると,u, v が I で連続なので,$\delta \to 0$ のとき,リーマン積分の定義より,

$$S_{\mathrm{R}} \to \int_a^b u(x)dx, \; S_{\mathrm{I}} \to \int_a^b v(x)dx$$

となる.従って,$\delta \to 0$ のとき,

$$S \to \int_a^b u(x)dx + i \int_a^b v(x)dx$$

となる.これを $f(x)$ の I での積分と呼び,$\int_a^b f(x)dx$ と表す.すなわち,

$$\int_a^b f(x)dx = \int_a^b u(x)dx + i \int_a^b v(x)dx$$

である.

定理 1.4.1 微分積分学の基本公式

実変数の複素数値関数 $f(x)$ が連続で,原始関数 $F(x)$ を持つとき,すなわち $F'(x) = f(x)$ となるとき,実数値関数と同様に,微分積分学の基本公式

$$\int_a^b f(x)dx = [F(x)]_a^b = F(b) - F(a) \tag{1.29}$$

が成り立つ.また,次の性質が成り立つ.

$$\left| \int_a^b f(x)dx \right| \le \int_a^b |f(x)|dx. \tag{1.30}$$

問 1.4.1 (1.29), (1.30) を示せ.

1.4.2 線積分

$f(z)$ は複素関数であるとし,複素平面内の領域 D で連続であるとする.D において,点 a から点 b への向きのついた曲線 C を考える.a を曲線 C の始点,b を終点と呼ぶ.C のパラメータ表示が次のように与えられているとする.

$$z = z(t) = \varphi(t) + i\psi(t),\ t \in [\alpha, \beta], \tag{1.31}$$

$$a = z(\alpha),\ b = z(\beta). \tag{1.32}$$

更に，C は滑らかであるとする．

【定義】 C が滑らかであるとは，$[\alpha, \beta]$ で $\varphi(t), \psi(t)$ が C^1 級で，かつ $\left|\frac{dz(t)}{dt}\right| \neq 0$ となることである[11]．

連続な複素関数の滑らかな曲線 C に沿った積分を次のように定義する．区間 $[\alpha, \beta]$ を n 個の小区間 $[t_{\nu-1}, t_\nu](\nu = 1, 2, \cdots, n)$ に分割する．ここで，

$$\alpha = t_0 < t_1 < \cdots < t_n = \beta$$

である．分割の仕方を Δ とする．$z_\nu = z(t_\nu)$ とする．また，$\tau_\nu \in [t_{\nu-1}, t_\nu]$ を任意に選び，$\zeta_\nu = z(\tau_\nu)$ として，

$$S_\Delta = \sum_{\nu=1}^{n} f(\zeta_\nu)(z_\nu - z_{\nu-1})$$

を考える．$z = x + iy, f(z) = u(x, y) + iv(x, y)$ とし，$x_\nu = x(t_\nu), y_\nu = y(t_\nu), \xi_\nu = x(\tau_\nu), \eta_\nu = y(\tau_\nu)$ とおくと，

$$S_\Delta = \sum_{\nu=1}^{n} u(\xi_\nu, \eta_\nu)(x_\nu - x_{\nu-1}) - \sum_{\nu=1}^{n} v(\xi_\nu, \eta_\nu)(y_\nu - y_{\nu-1})$$
$$+ i \sum_{\nu=1}^{n} u(\xi_\nu, \eta_\nu)(y_\nu - y_{\nu-1}) + i \sum_{\nu=1}^{n} v(\xi_\nu, \eta_\nu)(x_\nu - x_{\nu-1})$$

となる．分割の大きさ $|\Delta|$ を $|\Delta| = \max_\nu(t_\nu - t_{\nu-1})$ とすると，実数値関数の線積分の定義（付録 II の (9.2),(9.3) を参照．）より，$|\Delta| \to 0$ のとき，4 つの和は収束する．各々の収束値は

$$\int_C u\,dx, \quad \int_C v\,dy, \quad \int_C u\,dy, \quad \int_C v\,dx$$

と表される．従って，$|\Delta| \to 0$ のとき，

$$S_\Delta \to \int_C (u\,dx - v\,dy) + i \int_C (u\,dy + v\,dx)$$

---

11) C は $[\alpha, \beta]$ で区分的に滑らかでもよい．区分的に滑らかとは，$[\alpha, \beta]$ が有限個の部分区間に分けられ，各部分区間で曲線が滑らかなことである．

となる. これを $f(z)$ の C に沿う線積分と呼び, $\int_C f(z)dz$ と表す. すなわち,

$$\int_C f(z)dz = \int_C (udx - vdy) + i \int_C (udy + vdx)$$

である. 連続な実数値関数 $u(x, y)$ と滑らかな曲線 C について,

$$\int_C udx = \int_\alpha^\beta u(x(t), y(t))\frac{dx}{dt}dt, \tag{1.33}$$

$$\int_C udy = \int_\alpha^\beta u(x(t), y(t))\frac{dy}{dt}dt \tag{1.34}$$

であるので[12],

$$\int_C f(z)dz = \int_\alpha^\beta f(z(t))\frac{dz}{dt}dt \tag{1.35}$$

となる. 書き換えると,

$$\int_C f(z)dz = \int_\alpha^\beta f(\varphi(t), \psi(t))\left(\frac{d\varphi}{dt}(t) + i\frac{d\psi}{dt}(t)\right)dt. \tag{1.36}$$

となる.

問 1.4.2 式 (1.35) を示せ.

　線積分の性質より以下の複素積分の性質が成り立つ[13].

(1) $\int_C (f(z) \pm g(z))dz = \int_C f(z)dz \pm \int_C g(z)dz$.

(2) $\int_C kf(z)dz = k\int_C f(z)dz$, k は定数.

(3) C_1 の終点と C_2 の始点が一致しているとき, $C_1 + C_2$ は, 始点が C_1 の始点であり, 終点が C_2 の終点となる, C_1 と C_2 をつないだ曲線である. このとき,

$$\int_{C_1+C_2} f(z)dz = \int_{C_1} f(z)dz + \int_{C_2} f(z)dz.$$

(4) C の向きを逆にした曲線は $-C$ で表され, $\int_{-C} f(z)dz = -\int_C f(z)dz$.

(5) C 上の $|f(z)|$ の最大値を M, C の長さを L とすると,

---

12) 付録 II 参照.
13) これらは, $f(z)$ が連続で C が長さ有限の曲線について成立する. 付録 VII 参照.

$$\left| \int_C f(z)dz \right| \leq ML.$$

(6) $\left| \int_C f(z)dz \right| \leq \int_\alpha^\beta |f(z)| \left| \frac{dz}{dt} \right| dt \equiv \int_C |f(z)||dz|.$ $|dz|$ は，曲線 C の長さ s をパラメータとしたときの線素 ds で，$|dz| = ds.$

1.5 テイラー (Taylor) 級数

$c_n(n = 0, 1, \cdots)$ を複素数列とする．z を複素数として，

$$\sum_{n=0}^\infty c_n z^n \tag{1.37}$$

を考える．これは，テイラー (Taylor) 級数とよばれる．

命題 1.5.1 (1.37) が複素数 $z = z_0(\neq 0)$ で収束すれば，$|z_0| > r$ とするとき，(1.37) は，$|z| \leq r$ において，一様絶対収束[14]する．

証明 $\sum_{n=0}^\infty c_n z_0^n$ は収束するので，$n \to \infty$ のとき，$c_n z_0^n \to 0$ となる．よって，$|c_n z_0^n| \leq M$ が全ての n について成り立つような M が存在する．従って，$|z| \leq r$ とすると，

$$|c_n z^n| = |c_n z_0^n| \left| \frac{z}{z_0} \right|^n \leq M \left| \frac{r}{z_0} \right|^n$$

となる．$M_n = M|\frac{r}{z_0}|^n$ とすると，$|\frac{r}{z_0}| < 1$ より，$\sum_{n=0}^\infty M_n$ は収束するので，これは，$\sum_{n=0}^\infty c_n z^n$ の優級数になっている．従って，ワイエルシュトラスの M 判定法により，$\sum_{n=0}^\infty c_n z^n$ は $|z| \leq r$ で一様絶対収束する[15]． □

[定義 1.5.1] 収束域と収束半径

$D = \left\{ z \,\middle|\, \sum_{n=0}^\infty c_n z^n \text{が収束する} \right\}$ とおく．D を $\sum_{n=0}^\infty c_n z^n$ の**収束域**という．A

---

[14] 一様絶対収束とは，$\sum_{n=0}^\infty c_n z^n$ と $\sum_{n=0}^\infty |c_n z^n|$ が一様収束することである．数列と級数の収束については，付録 III，関数項からなる数列と級数の収束について付録 IV を参照．

[15] 優級数が存在する場合は一様絶対収束することの証明，及びワイエルシュトラスの M 判定法については，付録 IV を参照．

$= \{|z||z \in D\}$ とおき，A の上限を R とする．すなわち，$R = \sup A^{16)}$ を $\sum_{n=0}^{\infty} c_n z^n$ の**収束半径**という．

このとき，次が成り立つ．

(1) $0 < r < R$ とすると，$|z| \leq r$ で $\sum_{n=0}^{\infty} c_n z^n$ は一様絶対収束する．

(2) $|z| > R$ なら，$\sum_{n=0}^{\infty} c_n z^n$ は収束しない（発散する）．

問 1.5.1 (1), (2) を示せ．

[定義] 級数の広義一様収束

D の任意のコンパクトな部分集合で $\sum_{n=0}^{\infty} c_n z^n$ が収束するとき，$\sum_{n=0}^{\infty} c_n z^n$ は D で**広義一様収束**するという$^{17)}$．上の命題より，$\sum_{n=0}^{\infty} c_n z^n$ は D で広義一様収束することが分かる．

収束半径については，次の命題が成り立つ．

命題 1.5.2 コーシー・アダマール (Cauchy-Hadamard) の公式

$\sum_{n=0}^{\infty} c_n z^n$ の収束半径 R は，

$$R = \frac{1}{\varlimsup_{n \to \infty} |c_n|^{1/n}} \tag{1.38}$$

となる．ここで，実数列 $\{a_n\}$ に対して，$\varlimsup_{n \to \infty} a_n$ はその上極限と呼ばれ，$\varlimsup_{n \to \infty} a_n = \lim_{n \to \infty} (\sup_{m > n} a_m)$ で定義される$^{18)}$．

命題 1.5.3 $|c_n| \neq 0$ とする．$\lim_{n \to \infty} \frac{|c_{n+1}|}{|c_n|}$ が存在すれば，それは $\frac{1}{R}$ に等しい．またこのとき，$\varlimsup_{n \to \infty} |c_n|^{1/n} = \lim_{n \to \infty} |c_n|^{1/n}$ となる$^{18)}$．

---

16) A の上限 $\sup A$ は，A の上界の最小値，つまり，$|z| \in A$ について，$|z| \leq M$ となる実数 M の最小値のことである．付録 V 参照．
17) 複素平面でのコンパクト集合は，有界閉集合である．
18) 例えば，理系の数学シリーズ『微分積分』を参照．

次の定理が成り立つ.

定理 1.5.1 $\sum\limits_{n=0}^{\infty} c_n z^n$ の収束半径 R が 0 でないとする. $f(z) = \sum\limits_{n=0}^{\infty} c_n z^n$ とし, $D = \{|z| < R\}$ とおく.

(1) D で $f(z)$ は正則である.

(2) D で

$$f'(z) = \sum_{n=1}^{\infty} n c_n z^{n-1} \tag{1.39}$$

となる. 即ち, 項別微分可能である. また, 右辺の収束半径も R である. つまり, $f'(z)$ も D で正則である.

<u>証明</u>

$$\varlimsup_{n\to\infty} |nc_n|^{1/n} = \varlimsup_{n\to\infty} (n^{1/n}|c_n|^{1/n}) = \left(\lim_{n\to\infty} n^{1/n}\right)\left(\varlimsup_{n\to\infty} |c_n|^{1/n}\right)^{19)}$$

$$= \varlimsup_{n\to\infty} |c_n|^{1/n} = R^{-1}$$

であるから, (1.39) の右辺の収束半径も R である. D 内の点を z_0 とし, $|z_0| < r < R$ となる r をとる. $|z| \le r, z \ne z_0$ とすると,

$$\frac{f(z) - f(z_0)}{z - z_0} = \sum_{n=1}^{\infty} c_n \frac{z^n - z_0^n}{z - z_0}$$

$$= \sum_{n=1}^{\infty} c_n (z^{n-1} + z^{n-2}z_0 + z^{n-3}z_0^2 + \cdots + zz_0^{n-2} + z_0^{n-1})$$

となる. $g_n(z) = c_n(z^{n-1} + z^{n-2}z_0 + z^{n-3}z_0^2 + \cdots + zz_0^{n-2} + z_0^{n-1})$ として, 右辺の級数を $g(z) = \sum\limits_{n=1}^{\infty} g_n(z)$ とおく. すると,

$$|g_n(z)| = |c_n(z^{n-1} + z^{n-2}z_0 + z^{n-3}z_0^2 + \cdots + z_0^{n-1})|$$

$$\le |c_n| \left(|z|^{n-1} + |z|^{n-2}|z_0| + |z|^{n-3}|z_0|^2 + \cdots + |z||z_0|^{n-2} + |z_0|^{n-1}\right)$$

$$\le n|c_n|r^{n-1}$$

となり, $\sum\limits_{n=1}^{\infty} n|c_n|r^{n-1}$ は収束するから, これは, $g(z)$ の優級数になっている.

---

19) $\lim\limits_{n\to\infty} n^{1/n} = \lim\limits_{n\to\infty} e^{\frac{1}{n}\ln n} = e^0 = 1.$

従って，$|z| \leq r$ で，$g(z)$ は一様絶対収束し，$\frac{f(z)-f(z_0)}{z-z_0} = g(z)$ となる．連続な関数 $g_n(z)$ からなる級数 $g(z)$ が一様収束すれば，$g(z)$ は連続となるから[20]，

$$\lim_{z \to z_0} \frac{f(z) - f(z_0)}{z - z_0} = \lim_{z \to z_0} g(z) = g(z_0) = \sum_{n=1}^{\infty} c_n n z_0^{n-1}$$

となる．z_0 は，D 内の任意の点であるから，$f(z)$ は D で微分可能であり，$f'(z) = \sum_{n=1}^{\infty} c_n n z^{n-1}$ となる． □

z のかわりに $z - z_0$ とすると，一般に以下のことが成り立つ．

定理 1.5.2 $R > 0$ として，$f(z)$ が $D = \{|z - z_0| < R\}$ で $f(z) = \sum_{n=0}^{\infty} c_n(z - z_0)^n$ と表されるとき，右辺を $f(z)$ のテイラー展開という．このとき，次のことが成り立つ．

(1) D で $f(z) = \sum_{n=0}^{\infty} c_n(z - z_0)^n$ は正則．

(2) D で $f(z)$ は何回でも微分可能．k 次導関数は，

$$f^{(k)}(z) = \sum_{n=k}^{\infty} n(n-1)(n-2) \cdots (n - k + 1) c_n (z - z_0)^{n-k} \tag{1.40}$$

となる．よって，$f(z)$ のテイラー展開は何回でも項別微分可能である．

(3)

$$c_k = \frac{f^{(k)}(z_0)}{k!}, \ (k = 0, 1, \cdots) \tag{1.41}$$

である．従って，

$$f(z) = \sum_{n=0}^{\infty} \frac{f^{(n)}(z_0)}{n!}(z - z_0)^n$$

となるので，$f(z)$ のテイラー展開は一意的である．

(4)

$$F(z) = \sum_{n=0}^{\infty} \frac{c_n}{n+1}(z - z_0)^{n+1}$$

とすると，右辺の収束半径は R となる．従って，D で $F'(z) = f(z)$，つま

---

[20] 付録 IV 参照．

り，$F(z)$ は $f(z)$ の原始関数である．よって，$f(z)$ のテイラー展開は何回でも項別積分可能である．

証明

(1) $\sum\limits_{n=0}^{\infty} c_n(z-z_0)^n$ の収束半径 R は，$R = \sup\left\{|z-z_0| \,\middle|\, \sum\limits_{n=0}^{\infty} c_n(z-z_0)^n \text{ が}\right.$ 収束する$\left.\vphantom{\sum}\right\}$ である．$w = z-z_0$ とおくと，$R = \sup\left\{|w| \,\middle|\, \sum\limits_{n=0}^{\infty} c_n w^n \text{ が収束}\right.$ する$\left.\vphantom{\sum}\right\}$ であるから，R は，$\sum\limits_{n=0}^{\infty} c_n w^n$ の収束半径と等しい．よって，定理 1.5.1 で $z \to z-z_0$ とすればよい．このとき，

$$f'(z) = \sum_{n=1}^{\infty} n c_n (z-z_0)^{n-1} \tag{1.42}$$

となる．

(2) 定理 1.5.1 の (2) より，(1.42) も D で正則であるから，項別微分可能で $f''(z)$ も正則．従って，$f(z)$ は何回でも項別微分可能であるから，k 階微分は，(1.40) となる．

(3) (1.40) で $z = z_0$ を代入すると，$f^{(k)}(z_0) = k! c_k$ となる．従って，(1.41) となる．

(4)

$$\begin{aligned}
\varlimsup_{n\to\infty} \left|\frac{c_n}{n+1}\right|^{1/n} &= \varlimsup_{n\to\infty}\left(\frac{1}{(n+1)^{1/n}}|c_n|^{1/n}\right) \\
&= \left(\lim_{n\to\infty}\frac{1}{(n+1)^{1/n}}\right)\varlimsup_{n\to\infty}|c_n|^{1/n} \\
&= \varlimsup_{n\to\infty}|c_n|^{1/n} = R^{-1}
\end{aligned}$$

であるから，$F(z)$ の収束半径も R である[21]．よって，$F(z)$ は D で正則で項別微分可能であるから，

$$F'(z) = \sum_{n=0}^{\infty}\frac{c_n}{n+1}(n+1)(z-z_0)^n = \sum_{n=0}^{\infty} c_n(z-z_0)^n = f(z)$$

---

[21] $\lim\limits_{n\to\infty}(n+1)^{1/n} = \lim\limits_{n\to\infty} e^{\frac{1}{n}\ln(n+1)} = e^0 = 1.$

となる. □

◇テイラー級数の例

z が任意の実数のとき，次の関数はテイラー級数に展開される.

$$e^z = 1 + z + \frac{z^2}{2!} + \frac{z^3}{3!} + \cdots = \sum_{n=0}^{\infty} \frac{z^n}{n!}, \tag{1.43}$$

$$\sin z = z - \frac{z^3}{3!} + \frac{z^5}{5!} - \cdots = \sum_{n=0}^{\infty} (-1)^n \frac{z^{2n+1}}{(2n+1)!}, \tag{1.44}$$

$$\cos z = 1 - \frac{z^2}{2!} + \frac{z^4}{4!} - \cdots = \sum_{n=0}^{\infty} (-1)^n \frac{z^{2n}}{(2n)!}. \tag{1.45}$$

z を複素数としたときも，$e^z, \sin z, \cos z$ を右辺の級数で定義する. (1.43), (1.44), (1.45) の右辺の級数の収束半径は $R = \infty$ となる. また，$\sin z$ は奇関数，$\cos z$ は偶関数であることが分かる.

問 **1.5.2** (1.43), (1.44), (1.45) の右辺の級数の収束半径は ∞ となることを示せ.

従って，これらの関数は $\mathbb{C}$ で正則で何回でも微分可能であり，右辺の級数も何回でも項別微分可能，かつ，項別積分可能である.

これらの関数については，任意の複素数 z について以下の関係式が成り立つ.

(1) $(e^z)' = e^z$, $(\sin z)' = \cos z$, $(\cos z)' = -\sin z$ \qquad\qquad (1.46)

(2) $e^{iz} = \cos z + i \sin z$ \qquad\qquad\qquad\qquad\qquad\qquad\qquad (1.47)

(3) $e^{z_1 + z_2} = e^{z_1} e^{z_2}$ \qquad\qquad\qquad\qquad\qquad\qquad\qquad\qquad (1.48)

(4) $\sin(z_1 + z_2) = \sin z_1 \cos z_2 + \cos z_1 \sin z_2,$ \qquad\qquad (1.49)
$\qquad \cos(z_1 + z_2) = \cos z_1 \cos z_2 - \sin z_1 \sin z_2$

問 **1.5.3** これらの関係式を示せ.

(2) において，$z = \theta \in \mathbb{R}$ とおくと，

$$e^{i\theta} = \cos\theta + i\sin\theta$$

となるので，z を絶対値 r と偏角 θ で次のように表すことができる.

$$z = re^{i\theta} \tag{1.50}$$

1.6 原始関数

1.6.1 微分積分学の基本公式

定理 1.6.1 微分積分学の基本公式

領域 D で $F(z)$ が正則で，$F'(z) = f(z)$ であり，$f(z)$ は連続とする. また，D 内の曲線を C とし，そのパラメータ表示が

$$C : z = z(t),\ t \in [\alpha, \beta]$$

で与えられているとする. このとき，次の**微分積分学の基本公式**が成り立つ.

$$\int_C f(z)dz = [F(z)]_{z(\alpha)}^{z(\beta)} = F(z(\beta)) - F(z(\alpha)) \tag{1.51}$$

証明

$$\frac{d}{dt}F(z(t)) = F'(z(t))z'(t) = f(z(t))z'(t)$$

であるから，

$$\int_C f(z)dz = \int_\alpha^\beta f(z(t))\frac{dz(t)}{dt}dt = \int_\alpha^\beta \frac{d}{dt}F(z(t))dt$$
$$= [F(z(t))]_\alpha^\beta = [F(z)]_{z(\alpha)}^{z(\beta)}$$

となる. ここで，(1.29) を用いた. □

これより，次の事が成り立つ.

定理 1.6.2 領域 D で連続な関数 f が，D で原始関数を持つなら，すなわち，D で $F'(z) = f(z)$ となる関数 $F(z)$ が存在するなら，D 内の任意の閉曲線[22] C について，

$$\int_C f(z)dz = 0 \tag{1.52}$$

となる．

閉曲線での線積分を $\oint_C f(z)dz$ と書くこともある．

問 1.6.1 上の定理を示せ．

◇回転数

原点を通らない閉曲線を C とし，そのパラメータ表示を

$$C : z = z(t), \ (\alpha \leq t \leq \beta)$$

とする．t が α から β まで変化するときに，$z(t)$ が原点のまわりを回る回数を，C の 0 のまわりの回転数という．ただし，反時計回りを正とする．原点以外の点 a を通らない閉曲線についても，a のまわりの回転数を，$z(t) - a$ の原点のまわりの回転数として定義する．

次の線積分は特に重要である．

(1) $n \neq -1$ で，C は原点を通らない閉曲線のとき，

$$\int_C z^n dz = 0 \tag{1.53}$$

(2) C は原点を中心とする円で回転数が 1 のとき，

$$\int_C \frac{1}{z}dz = 2\pi i. \tag{1.54}$$

証明

(1) $F(z) = \dfrac{z^{n+1}}{n+1}$ とおくと，$\mathbb{C}$ で $F'(z) = z^n$ となる．よって，定理 1.6.2 より，$\int_C z^n dz = 0$ となる．

---

22) 閉曲線とは，始点と終点が一致している曲線のことである．

(2) C のパラメータ表示を

$$C : z(t) = re^{i\theta}, \ \theta \in [0, 2\pi]$$

とすると,

$$\int_C \frac{1}{z} dz = \int_0^{2\pi} \frac{1}{re^{i\theta}} rie^{i\theta} d\theta = i \int_0^{2\pi} d\theta = 2\pi i$$

となる. □

問 1.6.2 C を始点が z_0, 終点が z_1 の任意の曲線とするとき, 次の積分を求めよ.

$$(1) \int_C e^z dz, \quad (2) \int_C \sin z \, dz, \quad (3) \int_C \cos z \, dz$$

次のように, **定理 1.6.2** と逆の命題が成り立つ.

定理 1.6.3 f が領域 D で連続で, D 内の任意の閉曲線 C に対して, $\int_C f(z) dz = 0$ なら, $f(z)$ は原始関数を持つ.

証明 D 内の 2 点 z_0, z を始点と終点とする D 内の任意の曲線を C_1, C_2 とすると, 条件より, $C_1 + (-C_2)$ に沿う積分は,

$$\int_{C_1+(-C_2)} f(w) dw = \int_{C_1} f(w) dw - \int_{C_2} f(w) dw = 0$$

となり,

$$\int_{C_1} f(w) dw = \int_{C_2} f(w) dw$$

を得る. つまり, 積分は経路によらない. 従って, z_0 を固定すると, この積分は終点 z のみの関数である. これを $F(z)$ とおき,

$$F(z) = \int_{z_0}^z f(w) dw \tag{1.55}$$

と書く. D 内の点を z_1 とする. すると, $z \neq z_1$ として,

$$\frac{F(z) - F(z_1)}{z - z_1} = \frac{1}{z - z_1}\left(\int_{z_0}^{z} f(w)dw - \int_{z_0}^{z_1} f(w)dw\right)$$

$$= \frac{1}{z - z_1}\int_{z_1}^{z} f(w)dw$$

$$= \frac{1}{z - z_1}\int_{z_1}^{z} \left(f(z_1) + f(w) - f(z_1)\right)dw$$

$$= f(z_1) + \frac{1}{z - z_1}\int_{z_1}^{z} \left(f(w) - f(z_1)\right)dw$$

となる. $f(z)$ は, z_1 で連続であるから, 任意の $\epsilon > 0$ に対して, $\delta > 0$ が存在して, $|z - z_1| < \delta$ なら $|f(z) - f(z_1)| < \epsilon$ となる. 従って, $|z - z_1| < \delta$ となる z に対して, z_1 と z を結ぶ直線を

$$w(t) = z_1 + (z - z_1)t,\ t \in [0,1]$$

とすると,

$$\left|\int_{z_1}^{z}\left(f(w) - f(z_1)\right)dw\right| = \left|\int_{0}^{1}\left(f(w(t)) - f(z_1)\right)\frac{dw(t)}{dt}dt\right|$$

$$\leq \int_{0}^{1}|f(w(t)) - f(z_1)||z - z_1|dt < \epsilon|z - z_1|$$

となる. 従って, $|z - z_1| < \delta$ なら

$$\left|\frac{F(z) - F(z_1)}{z - z_1} - f(z_1)\right| < \epsilon$$

となるが, これは, $F'(z_1) = f(z_1)$ を意味する. □

定理 1.6.4 単純閉曲線 C[23] の内部を D とする. $f(z) \equiv u(x,y) + iv(x,y)$ が $D \cup C$ を含む領域で正則で, u, v が x, y の関数として C^1 級であれば,

$$\int_{C} f(z)dz = 0 \tag{1.56}$$

となる.

---

23) 単純閉曲線とは自分自身と交わらない閉曲線である.

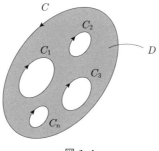

図 1.4

<u>証明</u>　コーシー・リーマンの関係式より，$u_x = v_y$, $u_y = -v_x$ である．また，u, v はグリーン (Green) の定理[24]の適用条件を満たすので，C の向きを反時計回りとして，

$$\int_C f(z)dz \text{ の実部} = \int_C (udx - vdy) = \iint_D (-v_x - u_y)dxdy = 0,$$

$$\int_C f(z)dz \text{ の虚部} = \int_C (udy + vdx) = \iint_D (u_x - v_y)dxdy = 0$$

となる．　　　　　　　　　　　　　　　　　　　　　　　　　　□

<u>系</u>　この定理は，単純閉曲線 C の内部に，互いの他の外部にある有限個の単純閉曲線があるときも成り立つ．すなわち，C を反時計回り，内部の単純閉曲線 $C_1, \cdots, C_n$ を時計回りとし，D を C の内側でかつ内部の曲線の外側の領域とすると，D と $C, C_1, \cdots, C_n$ を含む領域で $f(z)$ が正則で，u, v が C^1 級なら，

$$\int_C f(z)dz + \sum_{i=1}^{n} \int_{C_i} f(z)dz = 0 \qquad (1.57)$$

となる（図 1.4 参照）．

<u>証明</u>　D を C の内側でかつ内部の曲線の外側の領域とすると，その場合にも Green の定理が成り立つ[25]．　　　　　　　　　　　　　　　□

24）　付録 VI 参照.
25）　付録 VI 参照.

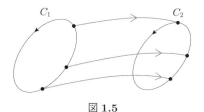

図 1.5

定理 1.6.4 は，もっと弱い条件で示すことができる．まず，いくつか定義を述べる．

◇曲線の連続変形
[定義] 領域 D 内の閉曲線 C_1, C_2 について，C_1 を D 内で連続的に変形して C_2 に重ねることができるとき，**C_1 は D で C_2 に変形可能である**という．このとき，C_2 も C_1 に変形可能となる．特に，C_2 が一点からなるとき，**C_1 は D で点に収縮可能である**という（図 1.5 参照）．

◇単連結
領域 D が単連結とは，D 内の任意の閉曲線が点に収縮可能であることをいう．
以下の定理においては，u, v についての微分可能性は不要であり，かつ，閉曲線も長さが有限であればよい．証明は，グルサ (Goursat) による．

定理 1.6.5 コーシー (Cauchy) の基本定理 $f(z)$ が単連結領域 D で正則ならば，D 内の長さ有限の任意の閉曲線 C に対して，

$$\int_C f(z)dz = 0 \tag{1.58}$$

となる．

付録 VII で，いくつかの定義と定理を補足し，証明を与える．
定理 1.6.4 の系も次のように条件が弱められる．

定理 1.6.5 の系 有限の長さの単純閉曲線 C の内部に，互いに他の外部にある長さ有限の単純閉曲線が有限個あるとき，C を反時計回り，内部の単純閉曲線 $C_1, \cdots, C_n$ を時計回りとし，D を C の内側でかつ内部の曲線の外側の領域とすると，D と $C, C_1, \cdots, C_n$ を含む領域で $f(z)$ が正則なら，

$$\int_C f(z)dz + \sum_{i=1}^{n} \int_{C_i} f(z)dz = 0 \tag{1.59}$$

となる.

問 1.6.3 定理 1.6.5 を用いて，その系を証明せよ.

以後，定理 1.6.5 とその系も用いる．なお，引き続き，曲線は滑らかとする[26].

1.7 コーシーの積分定理

定理 1.7.1 複素数 z_0 を中心とする半径 r の円の円周を C，その内部を D とする．D 内の点を a とするとき，$f(z)$ が $D \cup C$ を含む領域で正則であれば，

$$f(a) = \frac{1}{2\pi i} \int_C \frac{f(z)}{z-a} dz \tag{1.60}$$

となる．ここで，C の a のまわりの回転数は 1 とする.

<u>証明</u> a を中心とする，D 内の半径 $\rho(< r)$ の円を C_1 とする（図 1.6 参照）．C_1 の向きは，反時計回りとすると，$\dfrac{f(z)}{z-a}$ と $C, -C_1$ は定理 1.6.5 の系の前提を満たすので，

$$\int_{C+(-C_1)} \frac{f(z)}{z-a} dz = 0,$$

$$\int_C \frac{f(z)}{z-a} dz = \int_{C_1} \frac{f(z)}{z-a} dz$$

となる．最後の式の左辺は ρ に無関係な量なので，右辺も ρ によらない．パ

---

[26] 滑らかな曲線は，長さが有限である．微分積分学の参考書を参照.

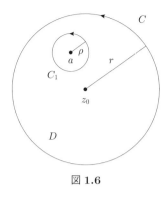

図 1.6

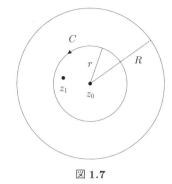

図 1.7

ラメータ表示を用いると

$$\int_{C_1} \frac{f(z)}{z-a}dz = \int_0^{2\pi} f(a+\rho e^{i\theta})id\theta$$

となる. $\rho \to 0$ のとき, $f(a+\rho e^{i\theta})$ は $\theta \in [0, 2\pi]$ で一様に $f(a)$ に近づくので, 積分と極限の交換が可能[27]. 従って,

$$\lim_{\rho \to 0} \int_0^{2\pi} f(a+\rho e^{i\theta})id\theta = \int_0^{2\pi} \lim_{\rho \to 0} f(a+\rho e^{i\theta})id\theta$$

$$= \int_0^{2\pi} f(a)id\theta = 2\pi if(a) \tag{1.61}$$

となる. これより, (1.60) が成り立つ. □

問 1.7.1 (1.61) を ϵ-δ 論法によって証明せよ.

定理 1.7.2 $f(z)$ が $\{z \mid |z-z_0| < R\}$ で正則であれば, $\{z \mid |z-z_0| < R\}$ でテイラー展開可能である.

証明 $0 < r < R$ となる r をとり, 閉曲線 C を $|z-z_0| = r$ とする. C の z_0 のまわりの回転数を 1 とする. 図 1.7 のように C の内部の点 z_1 をとると, 定理 1.7.1 より,

---

27) 付録 III 参照.

$$f(z_1) = \frac{1}{2\pi i} \int_C \frac{f(z)}{z - z_1} dz = \frac{1}{2\pi i} \int_C \sum_{n=0}^{\infty} f(z) \frac{(z_1 - z_0)^n}{(z - z_0)^{n+1}} dz \qquad (1.62)$$

となる．ここで，$\dfrac{1}{z - z_1} = \dfrac{1}{z - z_0} \dfrac{1}{1 - \frac{z_1 - z_0}{z - z_0}} = \dfrac{1}{z - z_0} \sum_{n=0}^{\infty} \left(\dfrac{z_1 - z_0}{z - z_0} \right)^n$ を代入した．$\rho = \dfrac{|z_1 - z_0|}{r}$ とすると，$\rho < 1$ となる．また，C 上での $|f(z)|$ の最大値を M とすると，C 上で $\left| f(z) \frac{(z_1 - z_0)^n}{(z - z_0)^{n+1}} \right| \le M \frac{\rho^n}{r}$ となるが，この右辺を項とする級数は収束する．従って，ワイエルシュトラスの M 判定法により，関数項の級数は C 上で一様絶対収束する．従って，項別積分可能であるから，

$$f(z_1) = \frac{1}{2\pi i} \int_C \sum_{n=0}^{\infty} f(z) \frac{(z_1 - z_0)^n}{(z - z_0)^{n+1}} dz = \frac{1}{2\pi i} \sum_{n=0}^{\infty} \int_C f(z) \frac{(z_1 - z_0)^n}{(z - z_0)^{n+1}} dz$$

$$(1.63)$$

となる．

$$c_n = \frac{1}{2\pi i} \int_C \frac{f(z)}{(z - z_0)^{n+1}} dz \qquad (1.64)$$

とすると，

$$f(z_1) = \sum_{n=0}^{\infty} c_n (z_1 - z_0)^n \qquad (1.65)$$

となる．c_n は z_1 に依存しないから，C 内の任意の点 z について，

$$f(z) = \sum_{n=0}^{\infty} c_n (z - z_0)^n \qquad (1.66)$$

となる．一方，$r < r' < R$ とすると，同様にして，$|z - z_0| < r'$ で，$f(z)$ はテイラー展開可能であるが，テイラー展開の一意性より，$z < r$ のときと同じ係数でなければならない．従って，$f(z)$ は，$|z - z_0| < R$ で，(1.66) のようにテイラー展開される．また，式 (1.64) のおける C は，z_0 を中心とする，R より小さい半径の任意の円としてよい． $\qquad\qquad\qquad\square$

　以上の事を用いて，次の定理を示す．

定理 1.7.3 領域 D で正則な関数について以下の事が成り立つ．

(1) $f(z)$ は D で何回でも微分可能で，任意の階数の導関数も D で正則である．

(2) D 内の点 z_0 を中心とする D 内の領域 $D' = \{z | |z - z_0| < r\}$ において，$f(z)$ は原始関数を持つ．つまり，D' 内の任意の閉曲線 C に対して，

$$\int_C f(z)dz = 0$$

となる．

(3) D 内の点 z_0 を中心とする D 内の領域 $D' = \{z | |z - z_0| < r\}$ において，z_0 を中心とする D' 内の任意の円 C について，

$$f^{(k)}(z_0) = \frac{k!}{2\pi i} \int_C \frac{f(z)}{(z - z_0)^{k+1}} dz \tag{1.67}$$

となる．

証明

(1) D 内の任意の点を z_0 とする．D 内の領域を $D' = \{z | |z - z_0| < R\}$ ととると，定理 1.7.2 より D' で $f(z)$ はテイラー展開可能であるから，定理 1.5.2 より従う．

(2) $f(z)$ は，D' でテイラー展開可能だから，定理 1.5.2 より，D で原始関数を持つ．後半は定理 1.6.2 より従う．

(3) $f(z)$ は D' でテイラー展開可能だから，定理 1.5.2 より，z_0 におけるテイラー展開の係数は，$c_k = \dfrac{f^{(k)}(z_0)}{k!}$ となる．一方，定理 1.7.2 より，係数は (1.64) となることより従う． □

定理 1.7.4 モレラ (Morera) の定理

$f(z)$ が領域 D で連続で，D 内の任意の閉曲線 C に対して

$$\int_C f(z)dz = 0$$

なら，$f(z)$ は D で正則である．

証明 定理 1.6.3 より，$f(z)$ は D で原始関数を持つ．つまり，$F'(z) = f(z)$ なる関数 $F(z)$ が存在する．$F(z)$ は正則であるから，定理 1.7.3 より $f(z)$ は

D で正則である. □

　これまで，テイラー展開の係数は，(1.67) のように円周上での積分で表したが，以下で，必ずしも円周上の積分である必要はないことを示す.

定理 1.7.5 コーシー (Cauchy) の積分定理
　$f(z)$ が領域 D で正則であるとする. D 内の 2 つの閉曲線を C_1, C_2 とする. D 内で C_1 が C_2 に変形可能なら，

$$\int_{C_1} f(z)dx = \int_{C_2} f(z)dx$$

となる. C_1 が点に収縮可能なら，

$$\int_{C_1} f(z)dx = 0$$

となる.
　この定理は，定理 1.6.5 を用いると簡単に証明できる.

問 1.7.2　定理 1.6.5 を用いて，定理 1.7.5 を示せ.

　ここでは，定理 1.6.5 を用いずに証明してみよう[28].
証明　C_1 が連続変形して C_2 になるまでの写像を

$$z = \varphi(t, u)\ (\alpha \le t \le \beta,\ 0 \le u \le 1)$$

で表す. $z = \varphi(t, 0),\ (\alpha \le t \le \beta)$ が C_1 で，$z = \varphi(t, 1),\ (\alpha \le t \le \beta)$ が C_2 である. C_1 から C_2 になる途中の曲線を $u_1 = 0 < u_2 < \cdots < u_m = 1$ によって決める. すなわち，$\bar{C}_j$ は $\varphi(t, u_j),\ (t \in [\alpha, \beta])$ で，$\bar{C}_1 = C_1, \bar{C}_m = C_2$ である（図 1.8(a)）. $u = 0$ として，$t_1 = \alpha < t_2 < \cdots < t_n < t_{n+1} = \beta$ をとり，$z_i = \varphi(t_i, 0),\ (i = 1, \cdots, n+1)$ とすると，これらは C_1 上の n 個の点 $z_1, z_2, \cdots, z_n, z_{n+1} = z_1$ となる. 連続変形によって，C_1 上の点 z_i が移る $\bar{C}_j$ 上の点を $z_{i,j},\ (j = 2, \cdots, m)$ とする. また，$z_{i,1} = z_i$ とする. すなわち，

---
28)　証明は少し込み入っているので，問 1.7.2 の答で満足な読者はスキップしても構わない.

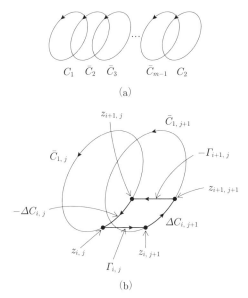

図 1.8: 曲線の移動図

$z_{i,j} = \varphi(t_i, u_j)$ である. 連続変形によって $z_{i,j}$ から $z_{i,j+1}$ に移るときに描く曲線を $\Gamma_{i,j}$ とする. $z_{i,j}$ を始点とし, $z_{i,j+1}, z_{i+1,j+1}, z_{i+1,j}$ を経て $z_{i,j}$ にもどる閉曲線 $C_{i,j}$ を次のように決める (図 1.8(b)).

$$C_{i,j} = \Gamma_{i,j} + \Delta C_{i,j+1} + (-\Gamma_{i+1,j}) + (-\Delta C_{i,j}),$$

$$i = 1, 2, \cdots, n, \ j = 1, 2, \cdots, m$$

ここで, $\Delta C_{i,j}$ は $z_{i,j}$ から $z_{i+1,j}$ に至る $\bar{C}_j$ の部分曲線とする. また, $z_{n+1,j} = z_{1,j} \ (j = 1, \cdots, m)$ である. これらの閉曲線 $C_{i,j}$ は, 2 次元パラメータ空間 (t, u) における 4 つの頂点 $(t_i, u_j), (t_i, u_{j+1}), (t_{i+1}, u_{j+1}), (t_{i+1}, u_j)$ からなる長方形の $\varphi(t, u)$ による像である. $\varphi(t, u)$ は, 有界閉集合から複素平面への連続写像で表されるので, 一様連続であり, m, n を大きくして分割を十分細かくすれば, 全ての (i, j) について, $C_{i,j}$ が $z_{i,j}$ を中心とする D 内の円に含まれるようにできる[29]. よって, 定理 1.7.3 の (2) より,

---

29) 付録 VIII 参照.

$$\int_{C_{i,j}} f(z)dz = \int_{\Gamma_{i,j}+\Delta C_{i,j+1}+(-\Gamma_{i+1,j})+(-\Delta C_{i,j})} f(z)dz = 0 \qquad (1.68)$$

となる. まず, $i = 1, 2, \cdots, n$ について次の和をとると

$$\sum_{i=1}^{n} \int_{\Gamma_{i,j}+(-\Gamma_{i+1,j})} f(z)dz = \int_{\Gamma_{1,j}+(-\Gamma_{n+1,j})} f(z)dz = 0$$

となる. これは, $\Gamma_{1,j} = \Gamma_{n+1,j}$ から従う. 一方,

$$\sum_{i=1}^{n} \int_{\Delta C_{i,j}} f(z)dz = \int_{\bar{C}_j} f(z)dz$$

であるから, (1.68) で $i = 1, 2, \cdots, n$ の和をとると,

$$\int_{\bar{C}_{j+1}} f(z)dz = \int_{\bar{C}_j} f(z)dz$$

となる. よって,

$$\int_{C_1} f(z)dz = \int_{\bar{C}_2} f(z)dz = \cdots = \int_{\bar{C}_m} f(z)dz = \int_{C_2} f(z)dz$$

となる.

C_1 が点に収縮可能のときは, C_2 は一点からなるので,

$$\int_{C_1} f(z)dx = \int_{C_2} f(z)dx = 0$$

となる. □

次の定理 1.7.6 は定理 1.6.3 より従う.

定理 1.7.6 $f(z)$ が単連結領域 D で正則とする. このとき, $f(z)$ は D で原始関数を持つ.

[定義] 同一の始点と終点をもつ 2 つの曲線 C_1, C_2 について, 閉曲線 $C_1 + (-C_2)$ が領域 D 内で点に収縮可能なら **C_1 は D で C_2 に変形可能である**という.

次の定理 1.7.7 は, 定理 1.7.6 より従う.

定理 1.7.7 $f(z)$ が領域 D 内で正則とする. C_1 が D で C_2 に変形可能なら,

$$\int_{C_1} f(z)dx = \int_{C_2} f(z)dx$$

となる.

定理 1.7.8 点 a を通らない閉曲線を C とすると,

$$\frac{1}{2\pi i}\int_C \frac{dz}{z-a} = n(C,a)$$

となる. ここで, $n(C,a)$ は a のまわりの回転数を表す.

<u>証明</u> 以下で, $n(C,a)$ を単に n と書く. ガウス平面から a を除いた領域を D とする. a を中心とする半径 1 の円を反時計回りに n 周する閉曲線を C_n とすると, C は D で C_n に変形可能である. $f(z) = \dfrac{1}{z-a}$ は D で正則であるから,

$$\int_C \frac{dz}{z-a} = \int_{C_n} \frac{dz}{z-a}$$

となる. C_n のパラメータ表示を,

$$z(t) = a + e^{in\theta},\ \theta \in [0, 2\pi]$$

とすると,

$$\int_{c_n} \frac{dz}{z-a} = \int_0^{2\pi} \frac{1}{e^{in\theta}} ine^{in\theta}d\theta = in\int_0^{2\pi} d\theta = 2\pi in$$

となり, 定理 1.7.8 が成り立つ. □

以上の結果を総合して, 次の定理が得られる.

定理 1.7.9 コーシーの積分公式 (グルサ (Goursat) の積分公式)

$f(z)$ が単連結領域 D において正則なら, D 内の任意の点 a と, a を通らない D 内の閉曲線 C で, $n(C,a) \neq 0$ となるものについて, 次式が成り立つ.

$$f^{(k)}(a) = \frac{1}{n(C,a)} \frac{k!}{2\pi i} \int_C \frac{f(z)}{(z-a)^{k+1}} dz, (k = 0, 1, 2, \cdots). \qquad (1.69)$$

証明 a におけるテイラー展開を

$$f(z) = \sum_{k=0}^{\infty} c_k(z-a)^k$$

とすると，$c_k = \dfrac{f^{(k)}(a)}{k!}$ である．a の近傍では，$z \neq a$ として，

$$\frac{f(z)}{(z-a)^{k+1}} = \frac{c_0}{(z-a)^{k+1}} + \frac{c_1}{(z-a)^k} + \cdots + \frac{c_k}{z-a} + \sum_{n=1}^{\infty} c_{n+k}(z-a)^{n-1}$$

となる．よって，

$$g(z) = \begin{cases} \frac{f(z)}{(z-a)^{k+1}} - \frac{c_0}{(z-a)^{k+1}} - \frac{c_1}{(z-a)^k} - \cdots - \frac{c_k}{z-a} & (z \neq a) \\ c_{k+1} & (z = a) \end{cases}$$

とおくと，$g(z)$ は D で正則．従って，

$$\int_C g(z)dz = 0$$

となる．また，$\int_c \frac{1}{(z-a)^l} dz = 2\pi i \, n(C,a) \, \delta_{l,1}$ であるから，

$$\int_C \frac{f(z)}{(z-a)^{k+1}} dz = 2\pi i \, n(C,a)c_k$$

となる．これより，(1.69) が従う．　　　　　　　　　　　　□

1.8 リーマン面

1.8.1 対数関数とそのリーマン面

　実関数の場合，対数関数は指数関数の逆関数であった．複素関数の場合にも，複素数 z の対数関数 $w = \log z$ を指数関数の逆関数として次のように定義する．

$$w = \log z \iff z = e^w$$

$w = u + iv$ とすると, $z = e^{u+iv} = e^u e^{iv}$ であるから, $u = \log|z|, v = \arg z$ となるので,

$$w = \log z = \log|z| + i \arg z$$

となる. z の偏角は無限個あるので, $\log z$ は, 無限多価関数である. 特に $\arg z$ を $\{-\pi < \arg z < \pi, z \neq 0\}$ に限定すると, そこで $\log z$ は一価関数である. これを $\log z$ の主値とよび, $\operatorname{Log} z$ と書く. このとき,

$$\operatorname{Log} z = \log|z| + i \operatorname{Arg} z$$

となる. 指数関数は正則であるから, その逆関数の $\operatorname{Log} z$ も正則で, 逆関数の微分の公式 (1.21) より,

$$\frac{d}{dz}\operatorname{Log} z = \frac{1}{dz/dw} = e^{-w} = \frac{1}{z}$$

となる.

任意の整数 l に対して,

$$D_l = \{(l-1)\pi < \arg z < (l+1)\pi, z \neq 0\} \tag{1.70}$$

とし, z を D_l に限定すると, D_l で $\log z$ は一価正則である. 従って, D_l において

$$\frac{d}{dz}\log z = \frac{1}{z}$$

となる. 主値 $\operatorname{Log} z$ は $\log_0 z$ にほかならない. これらの D_l を次のように貼り合わせる. D_l は実際には無限平面であるが, 以下の図では便宜的に有限の平面として表している. D_0 と D_1 において, 偏角はこれらの上半面において一致しており, $\log z$ の値も等しくなるので, それを貼り合わせる. 同様に, D_0 と D_{-1} の下半面どうしを貼り合わせる (図 1.9 参照). この様にして, 偏角が等しい面を貼り合わせてできる面を考えると, その上の任意の点 $z(\neq 0)$ に対して, $w = \log z$ の値が一意的に定まる. この面を $\log z$ のリーマン面と呼ぶ. また, $z = 0$ は分岐点とよばれる.

あるいは次のように考える. l が偶数の時, z 平面で, 実軸上の $(-\infty, 0)$ の

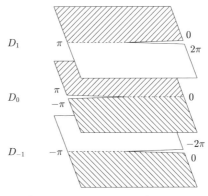

図 **1.9**: $\log z$ のリーマン面　その1

部分は，D_l に含まれておらず，これを**切断（カット）**と呼ぶ．l が奇数の時は，z 平面で，実軸上の $(0, \infty)$ の部分が切断である．そこで，図 1.10 のように，D_{-1} の切断の下側と D_1 の切断の上側とをつなぎ，D_1 の切断の下側と D_3 の切断の上側をつなぐ．同様にして，全ての奇数の l に対して D_l をつなぐと，$w = \log z$ のリーマン面ができる．

　つなぎ方から明らかなように，切断は，$(0, \infty)$ でなくても，関数の値が等しくなる任意の曲線としてよい．

1.8.2　べき関数とそのリーマン面

　複素数 z, a について，z の a 乗は次のように定義される．

$$w = z^a = e^{a \log z} = e^{a(\log |z| + i \arg z)}. \tag{1.71}$$

これは，一般には多価関数であるが，$D_l = \{(l-1)\pi < (l+1)\pi, z \neq 0\}$ では1価関数となる．このとき，

$$\begin{aligned}
\frac{dw}{dz} &= \left(\frac{d}{dz}(a \log z) \right) e^{a \log z} = a \frac{1}{z} e^{a \log z} = a e^{-\log z} e^{a \log z} \\
&= a e^{(a-1) \log z} = a z^{a-1}
\end{aligned} \tag{1.72}$$

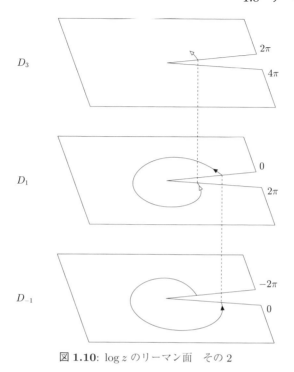

図 1.10: $\log z$ のリーマン面　その 2

となる．すなわち，D_l において

$$\frac{d}{dz}z^a = az^{a-1} \tag{1.73}$$

となる．

$a = m$ が整数のときには，$w = z^m$ となり，一価関数である．

問 1.8.1 $a = m$ が整数のときには，$w = z^m$ となり，一価関数となる事を示せ．

a が有理数の場合を考えよう．$a = \frac{m}{n}$ とする．ここで，$\frac{m}{n}$ は既約分数で m は整数，n は自然数とする．すると

$$w = |z|^{\frac{m}{n}} e^{i \frac{m}{n} \arg z} \tag{1.74}$$

となる．例えば $a = \frac{1}{2}$ とすると

$$w = \sqrt{|z|} e^{\frac{1}{2} i \arg z} \tag{1.75}$$

となる．l が偶数のとき，$l = 2k \ (k = 0, \pm 1, \pm 2, \cdots)$ とすると，$D_{2k} = \{(2k-1)\pi < \arg z < (2k+1)\pi\}$ であるから，D_{2k} では $\log z = \log|z| + i \operatorname{Arg} z + i2k\pi$ となり，$\frac{1}{2}\log z = \frac{1}{2}\log|z| + i\frac{1}{2}\operatorname{Arg} z + ik\pi$ となる．従って，k が偶数 $(k = 0, \pm 2, \pm 4, \cdots)$，つまり $D_0, D_{\pm 4}, D_{\pm 8}, \cdots$ では，

$$w = w_0 \equiv \sqrt{|z|} e^{\frac{1}{2} i \operatorname{Arg} z} \tag{1.76}$$

となる．一方，k が奇数 $(k = \pm 1, \pm 3, \pm 5, \cdots)$，つまり $D_{\pm 2}, D_{\pm 6}, D_{\pm 10}, \cdots$ では，

$$w = w_1 \equiv -\sqrt{|z|} e^{\frac{1}{2} i \operatorname{Arg} z} = -w_0 \tag{1.77}$$

となる．つまり，$z^{\frac{1}{2}} = \sqrt{z}$ は 2 価関数となる．図 1.11 のように，D_0 と D_1 の上半面，D_1 と D_2 の下半面，D_2 と D_3 の上半面，D_3 と D_0 の下半面を貼り合わせれば，その上でこの関数は一価になる．この場合も，$z = 0$ が分岐点である．あるいは，図 1.12 のように，D_0 の切断の上側と D_2 の切断の下側をつなぎ，D_2 の切断の上側と D_0 の切断の下側をつないでもよい．

これが $z^{\frac{1}{2}}$ のリーマン面である．

次に，$n > 1$ のとき，$z^{\frac{m}{n}}$ を考えよう．上と同様に D_{2k} では，$\frac{m}{n}\log z = \frac{m}{n}\log|z| + i\frac{m}{n}\operatorname{Arg} z + i\frac{mk}{n}2\pi$ であるから，

$$w = w_k \equiv |z|^{\frac{m}{n}} e^{\frac{m}{n} i \operatorname{Arg} z} e^{i \frac{mk}{n} 2\pi} \tag{1.78}$$

となる．$\frac{m}{n}$ は既約分数なので，$\frac{m}{n}k$ が整数となる最小の $k(\geq 1)$ は，$k = n$ である．よって，w_k は，$k = 0, 1, \cdots, n-1$ のとき全て異なり，$w_n = w_0$ となるので，$z^{\frac{m}{n}}$ は n 価の関数である．リーマン面は，

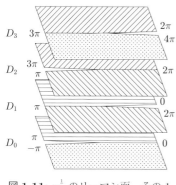

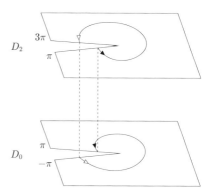

図 **1.11**: $z^{\frac{1}{2}}$ のリーマン面　その 1　　図 **1.12**: $z^{\frac{1}{2}}$ のリーマン面　その 2

D_0 の切断の上側と D_2 の切断の下側をつなぎ,

D_2 の切断の上側と D_4 の切断の下側をつなぎ,

$\cdots$

$D_{2(n-1)}$ の切断の上側と D_0 の切断の下側をつないだものとなる.

問 1.8.2　この事を示せ.

1.9　一致の定理

[定義]　正則関数 $f(z)$ の c 点

複素数 c に対して, $f(z) = c$ となる点 z を $f(z)$ の c 点と呼ぶ. $c = 0$ のときは, 零点 (れいてん, ゼロてん) と呼ぶ.

$f(z)$ が a で正則で, テイラー展開が

$$f(z) = c + \sum_{n=k}^{\infty} c_n(z-a)^n \quad (k \geq 1, c_k \neq 0)$$

となるとき, a を k 位の c 点と呼ぶ. 特に $c = 0$ のとき, a を k 位の零点と呼

ぶ.

定理 1.9.1 $f(z)$ が $|z - a| < R$ で正則で，ある複素数 c に対して $f(z)$ の c 点からなる点列 $\{z_n (\neq a)\}$ が a に収束するなら，$f(z)$ は $|z - a| < R$ で一定で，$f(z) = c$ となる.

<u>証明</u>　$f(z)$ の $|z - a| < R$ でのテイラー展開を

$$f(z) = \sum_{n=0}^{\infty} c_n (z - a)^n$$

とする.

$$f(z_m) = c$$

であるが，$m \to \infty$ とすると，

$$f(a) = c = \sum_{n=0}^{\infty} c_n (a - a)^n = c_0$$

となる. 従って，

$$f(z) = c + (z - a)\left\{ c_1 + \sum_{n=2}^{\infty} c_n (z - a)^{n-1} \right\}$$

となる. $z = z_m$ とすると，

$$(z_m - a)\left\{ c_1 + \sum_{n=2}^{\infty} c_n (z_m - a)^{n-1} \right\} = 0$$

となるので，

$$c_1 + \sum_{n=2}^{\infty} c_n (z_m - a)^{n-1} = 0$$

となる. $m \to \infty$ とすると，

$$c_1 = 0$$

を得る. 同様にして，$c_n = 0 \ (n \geq 1)$ が導かれる.　　　□

◇**集積点**

　ある集合 A の**集積点** a とは，a の任意の近傍に，a と異なる A の点がある

ような点である. 従って, $z_n \in A, z_n \neq a$ となる点列 $\{z_n\}$ があって a に収束する.

上の定理 1.9.1 は,

$|z - a| < R$ で正則な関数 $f(z)$ に対して, a が $f(z)$ の c 点の集積点なら, $|z - a| < R$ で $f(z) = c$ となる

事を意味している.

定理 1.9.2 領域 D で正則な関数 $f(z)$ に対して, $f(z)$ の c 点が D 内に集積点を持つなら, D で $f(z) = c$ となる.

証明 $a \in D$ が $f(z)$ の c 点の集積点とする. D 内の点 b に対して, $f(b) \neq c$ として, 矛盾を導く. a と b を結ぶ D 内の曲線を

$$C : z(t),\ t \in [\alpha, \beta], z(\alpha) = a,\ z(\beta) = b$$

とする. 定理 1.9.1 より a のある近傍で $f(z) = c$ である. $f(z(\alpha)) = c$, $f(z(\beta)) \neq c$ なので, t を α から増やしていくと, $f(z(t)) \neq c$ となる $t \in (\alpha, \beta)$ がある. そこで, $\{t | f(z(t)) \neq c\}$ の下限を t_0 とする. $t_0 = \inf\{t | f(z(t)) \neq c\}$. 下限の定義より, $\alpha \leq t < t_0$ で $f(z(t)) = c$ である. 従って, $z(t_0)$ は $f(z)$ の c 点の集積点となるので, 定理 1.9.1 より, $z(t_0)$ のある近傍で $f(z) = c$ となる. これは, t_0 の定義と矛盾する. ∎

この定理より, 次のことが導かれる.

定理 1.9.3 一致の定理

領域 D で $f(z), g(z)$ は正則であるとする. 集合 A が D 内に集積点を持つとする. このとき, A で $f(z) = g(z)$ なら, D で $f(z) = g(z)$ となる.

例えば, 領域 D 内の曲線上で正則関数 $f(z)$ と $g(z)$ が等しければ, D で $f(z)$ と $g(z)$ は等しい.

問 1.9.1 上のことを示せ.

コーシーの積分公式や一致の定理を用いて，正則関数のいくつかの定理を示す．

定理 1.9.4 最大値の原理

$f(z)$ が領域 D で正則で，D 内の点 a で $|f(z)|$ が最大値となるなら，$f(z)$ は D で一定である．

<u>証明</u> $|f(a)| = M$ とする．D 内に a を中心とする半径 R の円 C_R をとる．$r < R$ として，C を a を中心とする半径 r の円とし，a のまわりの回転数を 1 とする．コーシーの積分公式より，

$$f(a) = \frac{1}{2\pi i}\int_C \frac{f(z)}{z-a}dz = \frac{1}{2\pi}\int_0^{2\pi} f(a+re^{i\theta})d\theta.$$

絶対値をとると，

$$M = |f(a)| = \left|\frac{1}{2\pi}\int_0^{2\pi} f(a+re^{i\theta})d\theta\right| \leq \frac{1}{2\pi}\int_0^{2\pi} |f(a+re^{i\theta})|d\theta.$$

D で $|f(z)| \leq M$ であるから，

$$\frac{1}{2\pi}\int_0^{2\pi} |f(a+re^{i\theta})|d\theta \leq M.$$

よって，

$$\frac{1}{2\pi}\int_0^{2\pi} |f(a+re^{i\theta})|d\theta = M$$

となる．つまり，

$$\frac{1}{2\pi}\int_0^{2\pi} \left(M - |f(a+re^{i\theta})|\right)d\theta = 0.$$

被積分関数は，D で非負でしかも連続だから，$0 \leq \theta \leq 2\pi$ で $|f(a+re^{i\theta})| = M$ となる．$r(< R)$ は任意であるから，C_R の内部で，$|f(z)| = M$ となる．命題 1.3.1 の (3) より，C_R の内部で $f(z)$ は一定．よって，一致の定理より，D で $f(z)$ は一定となる． □

系 C を単純閉曲線として，D をその内部とする．$f(z)$ が D で正則で，$D \cup C$ で連続なら，$|f(z)|$ は，C 上の点で最大値をとる．

証明 $|f(z)|$ は，有界閉集合 $D \cup C$ で連続な関数だから，$D \cup C$ で最大値をとる．D 内の点で最大値をとるなら，D で一定．$D \cup C$ で連続だから，$D \cup C$ で一定．そうでなければ，C の上の点で最大値をとる． □

定理 1.9.5 シュワルツ（Schwarz）の補助定理

$f(z)$ が $\{z \mid |z| < 1\}$ で正則で，$f(0) = 0,\ |f(z)| < 1$ ならば，

$$|f(z)| \leq |z|.$$

$z_0 \neq 0\ (|z_0| < 1)$ において $|f(z_0)| = |z_0|$ となるならば，

$$f(z) = e^{i\alpha}z.$$

ここで，α は実数.

証明 $f(z)$ を $|z| < 1$ でテイラー展開する.

$$f(z) = \sum_{n=0}^{\infty} c_n z^n$$

$f(0) = 0$ より，$c_0 = 0$.

$$g(z) = \sum_{n=1}^{\infty} c_n z^{n-1}$$

とすると，$g(z)$ は，$|z| < 1$ で正則．また，$|z| < 1$ で $f(z) = zg(z)$ となっている．従って，$|z| < 1$ で

$$|f(z)| = |z||g(z)| < 1. \tag{1.79}$$

$r < 1$ を任意にとると，$\{z \mid |z| = r\}$ で $|g(z)| < \frac{1}{r}$. よって，最大値の原理の系より，$\{z \mid |z| \leq r\}$ で $|g(z)| < \frac{1}{r}$. $r < 1$ は任意なので $\{z \mid |z| < 1\}$ で $|g(z)| \leq 1$. 従って，$\{z \mid |z| < 1\}$ で $|f(z)| \leq |z|$. $z_0 \neq 0\ (|z_0| < 1)$ において $|f(z_0)| = |z_0|$ となるならば，(1.79) より $|g(z_0)| = 1$. よって，最大値の原理より，$\{z \mid |z| < 1\}$ で $g(z)$ は一定で，$|g(z)| = 1$. すなわち，α を実数として，$g(z) = e^{i\alpha}$, よって，$f(z) = g(z)z = e^{i\alpha}z$. □

系 $f(z)$ が $\{z \mid |z| < 1\}$ で正則で，$f(0) = 0,\ |f(z)| < 1$ ならば，$|f'(0)| \leq 1$.

等号は $f(z) = e^{i\alpha}z$ の場合である.

証明 上の証明における $f(z) = zg(z)$ より, $f'(0) = g(0)$ であるから, $|f'(0)| = |g(0)| \leq 1$. $|g(0)| = 1$ ならば, $g(z)$ は $|z| < 1$ で $e^{i\alpha}$ となる. □

定理 1.9.6 $\{z||z-a| \leq r\}$ を含む領域において正則な関数 $f(z)$ が境界 $\{z||z-a| = r\}$ で $|f(z)| \leq M$ となるなら,

$$|f^{(n)}(a)| \leq \frac{n!}{r^n}M, \ n = 0, 1, 2, \cdots$$

となる. また, $f(z)$ を

$$f(z) = \sum_{n=0}^{\infty} c_n(z-a)^n$$

とテイラー展開したとき, 次のコーシー（Cauchy）の評価式

$$|c_n| \leq \frac{M}{r^n}, \ n = 0, 1, 2, \cdots$$

が成り立つ.

証明 $\{z||z-a| = r\}$ を C として, C の a のまわりの回転数を 1 とすると, グルサの積分公式 (1.69) より,

$$|f^{(n)}(a)| = \frac{n!}{2\pi}\left|\int_C \frac{f(z)}{(z-a)^{n+1}}dz\right| \leq \frac{n!}{2\pi}\int_C \left|\frac{f(z)}{(z-a)^{n+1}}\right||dz| \leq \frac{n!}{r^n}M$$

となる. **コーシーの評価式**は, $c_n = \frac{f^{(n)}(a)}{n!}$ より直ちに従う. □

[定義]

　整関数とは, 複素平面全体で正則な関数のことをいう.

[定義]　有界

　複素関数 $f(z)$ が集合 A で有界であるとは, 定数 $M(>0)$ が存在して, A で $|f(z)| \leq M$ となることである.

定理 1.9.7 リューヴィル（Liouville）の定理

　有界な整関数は定数である.

証明 $f(z)$ を有界な整関数とし, そのテイラー展開を次のように表す.

$$f(z) = \sum_{n=0}^{\infty} c_n z^n.$$

全平面で正則なので，収束半径は無限大である．また全平面で有界なので，任意の z について，$|f(z)| \le M$ とする．コーシーの評価式 $|c_n| \le \frac{M}{r^n}$ において，r は任意にとれるので，$r \to \infty$ とすると，$n \ne 0$ のとき，$|c_n| = 0$ となる．従って，$f(z) = c_0$ となる． $\square$

定理 1.9.8 代数学の基本定理

$n(\ge 1)$ 次の多項式 $f(z) = c_0 + c_1 z + \cdots + c_n z^n$ $(c_n \ne 0)$ について以下が成り立つ．

(1) $f(z)$ は零点を持つ．

(2) $f(z)$ は n 個の零点を持ち，それらを $z_1, z_2, \cdots, z_n$ とすると，$f(z) = c_n(z - z_1)(z - z_2) \cdots (z - z_n)$ と表される．

証明

(1) $f(z)$ が零点を持たないとする．このとき，$g(z) = \frac{1}{f(z)}$ は正則関数である．これが有界であることを示そう．

$$f(z) = z^n \left(c_n + \frac{c_{n-1}}{z} + \cdots + \frac{c_0}{z^n} \right)$$

であるから，$|z| > r$ のとき，

$$|f(z)| = |z|^n \left| c_n + \frac{c_{n-1}}{z} + \cdots + \frac{c_0}{z^n} \right| \ge |z|^n \left(|c_n| - \left(\frac{|c_{n-1}|}{|z|} + \cdots + \frac{|c_0|}{|z|^n} \right) \right)$$
$$\ge r^n \left(|c_n| - \left(\frac{|c_{n-1}|}{r} + \cdots + \frac{|c_0|}{r^n} \right) \right)$$

となる．r が十分大きければ，$\frac{|c_{n-1}|}{r} + \cdots + \frac{|c_0|}{r^n} < \frac{|c_n|}{2}$ とできるから，

$$|f(z)| \ge r^n \frac{|c_n|}{2}.$$

よって，$|z| > r$ で

$$|g(z)| \le \frac{2}{|c_n| r^n}.$$

$|f(z)|$ は連続で 0 にならないから $|z| \le r$ における最小値は正であり，それを

m とすると, $|g(z)| \leq \frac{1}{m}$ となる. 従って, $g(z)$ は有界な整関数となるため, リューヴィルの定理より定数でなければならない. これは矛盾である. よって, $f(z)$ は零点を持つ.

(2) 帰納法により n 個の零点を持つことを示す. $n = 1$ のときは, 上の命題 (1) より零点が存在し, それを z_1 とすると, $f(z_1) = c_0 + c_1 z_1 = 0$ より, $z_1 = \frac{c_0}{c_1}$. よって, $f(z) = c_1(z - z_1)$ となる. $n(\geq 1)$ のとき, $f(z)$ について, 命題 (2) が成立するとする. $n+1$ のとき, 命題 (1) より零点が存在するが, それを z_{n+1} とすると,

$$f(z_{n+1}) = c_{n+1}(z_{n+1})^{n+1} + c_n(z_{n+1})^n + \cdots + c_1(z_{n+1}) + c_0 = 0.$$

よって,

$$f(z) = f(z) - f(z_{n+1}) = c_{n+1}\left(z^{n+1} - (z_{n+1})^{n+1}\right) + c_n\left((z^n - (z_{n+1})^n\right)$$
$$+ \cdots + c_1(z - z_{n+1}).$$

従って, $f(z)$ は $z - z_{n+1}$ で割ることができる. $\frac{f(z)}{z - z_{n+1}}$ とおくと, これは n 次の多項式であり, 仮定より n 個の零点を持ち,

$$\frac{f(z)}{z - z_{n+1}} = c_n'(z - z_1)(z - z_2)\cdots(z - z_n)$$

と表される. 従って, $f(z)$ は $n + 1$ 個の零点, $z_1, \cdots, z_{n+1}$ を持ち,

$$f(z) = f(z_{n+1}) = c_n'(z - z_1)(z - z_2)\cdots(z - z_n)(z - z_{n+1})$$

と表される. z^{n+1} の係数を比較して, $c_{n+1} = c_n'$ となることが分かる. □

1.10 ローラン (Laurent) 展開

1.10.1 ローラン級数

$\sum\limits_{n=0}^{\infty} c_n t^n$ の収束半径が R, $\sum\limits_{n=1}^{\infty} c_{-n} t^n$ の収束半径が $\frac{1}{R'}$ のとき, $R' < R$ な

ら，$D = \{z|R' < |z-a| < R\}$ で

$$\sum_{n=0}^{\infty} c_n(z-a)^n + \sum_{n=1}^{\infty} c_{-n}\frac{1}{(z-a)^n} \tag{1.80}$$

は絶対収束し，正則関数となる．これを，a を中心とするローラン級数と呼び，

$$\sum_{n=-\infty}^{\infty} c_n(z-a)^n \tag{1.81}$$

と書く．

　テイラー級数の性質より，$R' < r_1 < r_2 < R$ とすると，$r_1 \leq |z-a| \leq r_2$ でローラン級数は一様絶対収束する．従って，ローラン級数は D で広義一様収束する．よって，D の任意の曲線上で一様絶対収束する．

定理 1.10.1 $f(z)$ が，$D = \{z|R' < |z| < R\}$ で正則であるとする．このとき，D で

$$f(z) = \sum_{n=0}^{\infty} c_n z^n + \sum_{n=1}^{\infty} c_{-n}\frac{1}{z^n} = \sum_{n=-\infty}^{\infty} c_n z^n$$

のようにローラン級数で表すことができる．これを，$f(z)$ のローラン展開という．

<u>証明</u>　D 内の点を z とする．r, r' を $R' < r' < |z| < r < R$ を満たす数とする．原点を中心とした半径 r, r' の円を C, C' とする．図 1.13 のように，C と C' の間にあり，z を中心に反時計回りに一周する半径 ρ の円を Γ とすると，定理 1.7.1 より，

$$f(z) = \frac{1}{2\pi i}\int_{\Gamma}\frac{f(z')}{z'-z}dz'$$

となる．また，$\dfrac{f(z')}{z'-z}$ は，D から z を除いた領域で正則なので，定理 1.6.4 の系より，C での積分と，$C'+\Gamma$ での積分は等しい．従って，

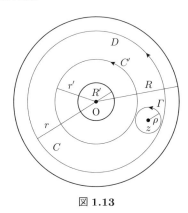

図 1.13

$$f(z) = \frac{1}{2\pi i} \int_C \frac{f(z')}{z' - z} dz' - \frac{1}{2\pi i} \int_{C'} \frac{f(z')}{z' - z} dz'$$

$$= \frac{1}{2\pi i} \int_C \frac{f(z')}{z' - z} dz' + \frac{1}{2\pi i} \int_{C'} \frac{f(z')}{z - z'} dz'$$

となる．まず，第一項を考える．C 上の点 z' で，$\left| \dfrac{z}{z'} \right| < 1$ であるから，

$\dfrac{1}{z' - z} = \dfrac{1}{z'} \sum_{n=0}^{\infty} \left(\dfrac{z}{z'} \right)^n$ となる．関数項からなる級数 $\sum_{n=0}^{\infty} \left(\dfrac{z}{z'} \right)^n \dfrac{f(z')}{z'}$ は C 上

で一様収束するので項別積分可能で，

$$\frac{1}{2\pi i} \int_C \frac{f(z')}{z' - z} dz' = \sum_{n=0}^{\infty} c_n z^n, \tag{1.82}$$

$$c_n = \frac{1}{2\pi i} \int_C f(z') \frac{1}{(z')^{n+1}} dz', \ (n \geq 0) \tag{1.83}$$

と表すことができる．次に，第二項を考える．C' 上の点 z' では，$\left| \dfrac{z'}{z} \right| < 1$ である

から，$\dfrac{1}{z - z'} = \dfrac{1}{z} \sum_{n=0}^{\infty} \left(\dfrac{z'}{z} \right)^n$ となる．関数項からなる級数 $\sum_{n=0}^{\infty} \left(\dfrac{z'}{z} \right)^n \dfrac{f(z')}{z}$

は C' 上で一様収束するので項別積分可能で，

$$\frac{1}{2\pi i} \int_{C'} \frac{f(z')}{z - z'} dz' = \sum_{n=1}^{\infty} c_{-n} z^{-n}, \tag{1.84}$$

$$c_{-n} = \frac{1}{2\pi i} \int_{C'} f(z')(z')^{n-1} dz', \ (n \geq 1) \tag{1.85}$$

となる. また, (1.83), (1.85) の積分路 C, C' は, コーシーの積分定理により, 原点のまわりを反時計まわりに一周する D 内の任意の閉曲線でよい. □

定理 1.10.2 ローラン展開の一意性

証明 定理 1.10.1 において, $\{z | R' < |z| < R\}$ でのローラン展開の係数が一意であることを示す.

$$f(z) = \sum_{n=-\infty}^{\infty} c_n z^n = \sum_{n=-\infty}^{\infty} c_n' z^n$$

とする. $R' < r < R$ なる r をとると, 任意の整数 k について, $|z| = r$ で,

$$f(z)z^{-k-1} = \sum_{n=-\infty}^{\infty} c_n z^{n-k-1}$$

の右辺は一様収束する[30]. 従って, $C : z = re^{i\theta}$, $\theta \in [0, 2\pi]$ で項別積分可能で,

$$\int_C f(z)z^{-k-1} dz = \sum_{n=-\infty}^{\infty} c_n \int_C z^{n-k-1} dz = 2\pi i c_k$$

となり,

$$c_k = \frac{1}{2\pi i} \int_C f(z)z^{-k-1} dz$$

が得られる. c_k' についても同様なので,

$$c_k' = c_k$$

となる. □

　原点以外の点でも同様である. 一般の場合について, ローラン展開について

---

30)　$R' < r' < r < R$ とすると, $r' \leqq |z| \leqq r$ で一様絶対収束する.

まとめよう.

定理 1.10.3 ローラン展開

$f(z)$ が $D = \{z | R' < |z - a| < R\}$ で正則なら,D で一意的に,ローラン級数によって次のように表される.

$$f(z) = \sum_{n=-\infty}^{\infty} c_n(z-a)^n.$$

D 内を反時計回りに 1 回転する任意の閉曲線を C とすると,

$$c_n = \frac{1}{2\pi i} \int_C f(z)(z-a)^{-n-1} dz$$

となる.

1.11 特異点

1.11.1 孤立特異点

$f(z)$ が $\{z | 0 < |z - a| < R\}$ で正則で,a で正則でないとき,a を f の孤立特異点という.このとき,$\{z | 0 < |z - a| < R\}$ で

$$f(z) = \sum_{n=0}^{\infty} c_n(z-a)^n + \sum_{n=1}^{\infty} c_{-n} \frac{1}{(z-a)^n} = \sum_{n=-\infty}^{\infty} c_n(z-a)^n$$

と表される.右辺を a における $f(z)$ のローラン展開という.また,

$$\sum_{n=1}^{\infty} \frac{c_{-n}}{(z-a)^n}$$

を f の a における**主要部**という.$\sum_{n=1}^{\infty} c_{-n} t^n$ の収束半径は無限大であるから,主要部は $|z - a| > 0$ で正則である.

◇孤立特異点の分類

(1) 除きうる特異点[31]

---

31) 除去可能特異点,可除特異点とも呼ばれる.

主要部が無いとき，除きうる特異点という．このとき，必要なら $f(a) = c_0$ と定義すると，$f(z)$ は，$\{z\,|\,|z-a| < R\}$ で正則となる．

(2) 極

主要部が有限項からなるとき，極という．$c_{-k} \neq 0$ として，主要部が

$$\sum_{n=1}^{k} \frac{c_{-n}}{(z-a)^n}$$

と表される場合，a を k 位の極という．

例　$f(z) = \dfrac{1}{\sin z}$ において，$z = n\pi$,（n は整数）は，1位の極である．

(3) 真性特異点

主要部が無限個の項からなるとき，真性特異点という．

例　$f(z) = e^{\frac{1}{z}}$, $f(z) = \sin\left(\dfrac{1}{z}\right)$.

a が除きうる特異点の場合，以下では，必要なら $f(a) = c_0$ と定義して，$f(z)$ を $\{z\,|\,|z-a| < R\}$ で正則とする．

◇リーマン球面[32]

3次元空間の点を座標 (ξ, η, ζ) で表す．$\zeta = 0$ の平面 Π をガウス平面とみなす．さらに，原点を中心とする半径 1 の球面 Σ, $\xi^2 + \eta^2 + \zeta^2 = 1$ を考える．

この球面上の点 N$(0,0,1)$（北極）と，球面上の点 P を結んだ直線がガウス平面と交わる点を P$'$ とする．P $\rightarrow$ P$'$ の対応（写像）を**立体射影**とよぶ．P と P$'$ の座標をそれぞれ (ξ, η, ζ), $z = x + iy$ とするとき，以下の関係式が成り立つ．

$$x = \frac{\xi}{1-\zeta}, \; y = \frac{\eta}{1-\zeta}$$

また，逆に

$$\xi = \frac{z+z^*}{zz^*+1}, \; \eta = -i\frac{z-z^*}{zz^*+1}, \; \zeta = \frac{zz^*-1}{zz^*+1}$$

---

32)　例えば，理系の数学シリーズ『リメディアル数学』4.5 節参照.

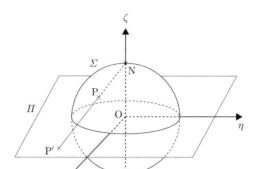

図 1.14: 立体射影

となる．立体射影により，ガウス平面 Π で原点からみて無限遠にある点は，Σ の点 N に対応する．そこで，一つの記号 ∞ を考え，これを無限遠点と呼ぶ．N は無限遠点に対応する点と考えられる．$\mathbb{C}$ に ∞ を含めた集合 $\mathbb{C} \cup \{\infty\}$ を $\overline{\mathbb{C}}$ で表し，広義の複素平面と呼ぶ．このとき，Σ と $\overline{\mathbb{C}}$ の間に一対一対応がつけられる．この対応により，$z \in \overline{\mathbb{C}}$ と P$\in \Sigma$ を同じものとみなす．すなわち，$\overline{\mathbb{C}}$ は球面 Σ と考えることができる．Σ をリーマン球面とよぶ[33]．$|\infty| = +\infty$ と定義し，また，以下のような規則を設定する．ここで，α, β は複素数で，$\beta \neq 0$ とする．

$$\alpha + \infty = \infty + \alpha = \infty, \ \frac{\alpha}{\infty} = 0,$$
$$\beta \cdot \infty = \infty \cdot \beta = \infty \cdot \infty = \infty, \ \frac{\beta}{0} = \infty.$$

ただし，

$$\infty + \infty, \ 0 \cdot \infty, \ \frac{\infty}{\infty}, \ \frac{0}{0}$$

は定義しない．

---

[33] ∞ は，極限を表す記号ではない．$n \to \pm\infty$ のときの ∞ とは，全く異なるものであるので注意．

◇無限遠点 (∞) におけるローラン展開

複素関数 $t = \frac{1}{z}$ は $z \neq 0$ で正則である．$r > 0$ とすると，$t = \frac{1}{z}$ によって，$\{z | r^{-1} < |z|\}$ と $\{t | 0 < |t| < r\}$ とは 1 対 1 に対応する．また，$t = 0$ に $\overline{\mathbb{C}}$ の $z = \infty$ が対応する．$\{t | |t| < r\}$ を $t = 0$ の r 近傍と定義し，$U(0, r)$ と書く．同様に，$\overline{\mathbb{C}}$ における $z = \infty$ の r 近傍を $U(\infty, r) \equiv \{z | r^{-1} < |z| \leq +\infty\}$ と定義する．すると，$U(0, r)$ と $U(\infty, r)$ は，$t = \frac{1}{z}$ によって，1 対 1 に対応する．

$w = f(z)$ が $U(\infty, r)$ で定義されているとき，$w = f(\frac{1}{t})$ は，$U(0, r)$ で定義される．$t = 0$ で，$f(\frac{1}{t})$ が正則であるとき，$w = f(z)$ は ∞ において正則であると定義する．

$\{z | R < |z| < \infty\}$ で $f(z)$ が正則で，無限遠点 ∞ において正則でないとき，無限遠点 ∞ を $f(z)$ の孤立特異点という．$g(t) = f(\frac{1}{t})$ とすると，$g(t)$ は $\{t | 0 < |t| < R^{-1}\}$ で正則なので，$t = 0$ でローラン展開可能である．それを

$$g(t) = \sum_{n=-\infty}^{\infty} c_n t^n \tag{1.86}$$

とすると，$\{z | R < |z| < \infty\}$ で，

$$f(z) = \sum_{n=-\infty}^{\infty} c_n z^{-n} \tag{1.87}$$

となる．これを $f(z)$ の $z = \infty$ におけるローラン展開という．主要部は $\sum_{n=1}^{\infty} c_{-n} z^n$ である．

◇ローラン展開の例

$f(z) = z^2 + \frac{1}{z-1} + \frac{1}{z-3}$ のローラン展開を求めよう．$z = 1, 3$ はいずれも 1 位の極である．

(1) $z = 1$ におけるローラン展開

$f(z)$ は，$0 < |z-1| < 2$ で正則．

$$\frac{1}{z-3} = \frac{1}{(z-1)-2} = -\frac{1}{2}\frac{1}{1-\frac{z-1}{2}} = -\frac{1}{2}\sum_{n=0}^{\infty}\left(\frac{z-1}{2}\right)^n.$$

この級数は，$|z-1| < 2$ で収束する．また，$z^2 = (z-1+1)^2 = (z-1)^2 + 2(z-1) + 1$ である．従って，$0 < |z-1| < 2$ のとき，$z = 1$ におけるローラ

ン展開は,

$$f(z) = 1 + 2(z-1) + (z-1)^2 + \frac{1}{z-1} - \frac{1}{2}\sum_{n=0}^{\infty}\left(\frac{z-1}{2}\right)^n$$
$$= \frac{1}{2} + \frac{7}{4}(z-1) + \frac{7}{8}(z-1)^2 - \sum_{n=3}^{\infty}2^{-(n+1)}(z-1)^n + \frac{1}{z-1}$$

となる.

(2) $z=3$ におけるローラン展開

$f(z)$ は, $0 < |z-3| < 2$ で正則.

$$\frac{1}{z-1} = \frac{1}{(z-3)+2} = \frac{1}{2}\frac{1}{1+\frac{z-3}{2}} = \frac{1}{2}\sum_{n=0}^{\infty}\left(-\frac{z-3}{2}\right)^n.$$

この級数は, $|z-3| < 2$ で収束する. また, $z^2 = (z-3+3)^2 = (z-3)^2 + 6(z-3) + 9$ である. 従って, $0 < |z-3| < 2$ のとき, $z=3$ におけるローラン展開は,

$$f(z) = 9 + 6(z-3) + (z-3)^2 + \frac{1}{z-3} + \frac{1}{2}\sum_{n=0}^{\infty}\left(-\frac{z-3}{2}\right)^n$$
$$= \frac{19}{2} + \frac{23}{4}(z-3) + \frac{9}{8}(z-3)^2 + \sum_{n=3}^{\infty}(-1)^n 2^{-(n+1)}(z-3)^n + \frac{1}{z-3}$$

となる.

(3) $z=\infty$ におけるローラン展開

$f(z)$ は, $3 < |z|$ で正則. $g(t) = f(\frac{1}{t})$ は, $0 < |t| < \frac{1}{3}$ で正則.

$$g(t) = f\left(\frac{1}{t}\right) = \frac{1}{t^2} + \frac{1}{\frac{1}{t}-1} + \frac{1}{\frac{1}{t}-3} = \frac{1}{t^2} + \frac{t}{1-t} + \frac{t}{1-3t}.$$

$\frac{t}{1-3t} = t\sum_{n=0}^{\infty}(3t)^n$ であるから,

$$g(t) = \frac{1}{t^2} + \sum_{n=0}^{\infty}t^{n+1} + \sum_{n=0}^{\infty}3^n t^{n+1} = \frac{1}{t^2} + \sum_{n=0}^{\infty}(1+3^n)t^{n+1}.$$

よって, $3 < |z|$ のとき, $z=\infty$ におけるローラン展開は,

$$f(z) = z^2 + \sum_{n=0}^{\infty}(1+3^n)z^{-(n+1)}.$$

主要部は z^2 となる.

1.11.2 孤立特異点の判定

ここでは，$f(z)$ の孤立特異点の種類を判定する方法を示す.

定理 1.11.1 リーマン (Riemann) の定理

$f(z)$ が $D = \{0 < |z - a| < R\}$ で正則で有界ならば，a は除きうる特異点である.

証明 D で $|f(z)| \leq M$ とする. $f(z)$ のローラン展開を

$$f(z) = \sum_{n=-\infty}^{\infty} c_n(z - a)^n$$

とする. C_r を a を中心とする D 内の回転数 1 の半径 r の円とすると

$$c_n = \frac{1}{2\pi i} \int_{C_r} f(z)(z - a)^{-n-1}dz$$

であり，$|c_n| \leq \frac{M}{r^n}$ となる. $n \leq -1$ のとき，$r \to 0$ とすることにより，$c_n = 0$ を得る. 従って，a は除きうる特異点である. $\square$

定理 1.11.2 ワイエルシュトラス (Weierstrass) の定理

$f(z)$ は $D = \{0 < |r - a| < R\}$ で正則であるとする. $z = a$ が $f(z)$ の真性特異点ならば，任意の $\alpha \in \overline{\mathbb{C}}$ に対して，$\lim_{n \to \infty} z_n = a$, $\lim_{n \to \infty} f(z_n) = \alpha$ となる点列 $\{z_n\}$ が存在する.

証明

(i) $\alpha = \infty$ のとき.

$0 < r < R$ なる r に対して，$f(z)$ が $\{0 < |z - a| < r\}$ で有界であるとすると，リーマンの定理より $z = a$ は除きうる特異点となり矛盾. 従って，自然数 $n(> \frac{1}{R})$ に対して，$0 < |z_n - a| < \frac{1}{n}$, $|f(z_n)| > n$ となる z_n を取ることができる. これが求める点列である.

(ii) $\alpha \neq \infty$ のとき.

背理法で示す. 自然数 $n(> \frac{1}{R})$ に対して，$0 < |z_n - a| < \frac{1}{n}$, $|f(z_n) - \alpha| < \frac{1}{n}$ を満たす点列 $\{z_n\}$ が存在しないとする. すると，自然数 $n_0(> \frac{1}{R})$ が存在して，$\{0 < |z - a| < \frac{1}{n_0}\}$ において，$|f(z) - \alpha| \geq \frac{1}{n_0}$ となる. $g(z) = \frac{1}{f(z)-\alpha}$ と

おくと，$g(z)$ は $\{0 < |z - a| < \frac{1}{n_0}\}$ で正則で有界となるので，リーマンの定理より $z = a$ は $g(z)$ の除きうる特異点となり，$\{|z - a| < \frac{1}{n_0}\}$ で正則となる．よって，$g(z)$ のテイラー展開を

$$g(z) = \sum_{n=0}^{\infty} c_n (z - a)^n$$

とすると，$f(z) = \alpha + \frac{1}{g(z)}$ であるから，$c_0 \neq 0$ なら a の近傍で $g(z)$ は 0 にならないので，$1/g(z)$ も正則となり，a は $f(z)$ の除きうる特異点となる．$c_0 = 0$ なら

$$g(z) = \sum_{n=k}^{\infty} c_n (z - a)^n = (z - a)^k h(z)$$

と表せる．ここで，$c_k \neq 0$, $k \geq 1$ であり，$h(z)$ は正則で $h(a) \neq 0$. 従って，$1/h(z)$ も正則となるため a は $f(z)$ の k 位の極となる．いずれの場合も矛盾．

□

系　$f(z)$ は $D = \{0 < |z - a| < R\}$ で正則であるとする．

(i) a が $f(z)$ の除きうる特異点であるための必要十分条件は，$\lim_{z \to a} f(z) = \alpha(\neq \infty)$ となることである．

(ii) a が $f(z)$ の極であるための必要十分条件は，$\lim_{z \to a} f(z) = \infty$ となることである．

(iii) a が $f(z)$ の真性特異点であるための必要十分条件は，$\lim_{z \to a} f(z)$ が存在しないことである．

<u>証明</u>　これまでの結果より必要条件は明らかである．以下で十分条件を示す．

(i) リーマンの定理より従う．

(ii) $f(z)$ は $z = a$ のある近傍で有界でないから，ある正の実数 $r(< R)$ と $M > 0$ が存在して $\{0 < |z - a| < r\}$ で $|f(z)| > M$ となる．$g(z) = 1/f(z)$ と定義すると，$\{0 < |z - a| < r\}$ で $g(z)$ は正則で有界だから，リーマンの定理より，$z = a$ は $g(z)$ の除きうる特異点で，$g(z)$ は $\{|z - a| < r\}$ で正則となる．また，$\lim_{z \to a} g(z) = 0$ であるから，$g(z)$ のテイラー展開は，

$$g(z) = \sum_{n=k}^{\infty} c_n (z - a)^n$$

となる．ここで，$c_k \neq 0$, $k \geq 1$ である．従って，$z = a$ は $f(z)$ の k 位の極と

なる.

(iii) (i), (ii) より, $z = a$ は除きうる特異点でも極でもないので, 真性特異点である.　　　　　　　　　　　　　　　　　　　　　　　　　　　□

1.11.3 留数

$a \neq \infty$ における $f(z)$ のローラン展開を

$$f(z) = \sum_{n=-\infty}^{\infty} c_n(z-a)^n \tag{1.88}$$

とするとき, $\dfrac{1}{z-a}$ の係数 c_{-1} を a における $f(z)$ の留数 (residue) といい, res(f,a), res$(f(z),a)$, res(a) などと書く. 留数は, 後で示すように, 定積分の計算に極めて有用な量である.

a が k 位の極の場合, 留数は,

$$\mathrm{res}(a) = \frac{1}{(k-1)!} \lim_{z \to a} \frac{d^{k-1}}{dz^{k-1}}\big((z-a)^k f(z)\big) \tag{1.89}$$

となる.

問 **1.11.1**　(1.89) を示せ.

特に, 1 位の極の場合には,

$$\mathrm{res}(a) = \lim_{z \to a}\big((z-a)f(z)\big) \tag{1.90}$$

となる.

1.12　留数定理

定理 **1.12.1**　$f(z)$ が, $D = \{z|0 < |z-a| < R\}$ で正則であるとき, a のまわりの回転数 1 の D 内の任意の閉曲線を C とすると,

$$\int_C f(z)dz = 2\pi i\ \mathrm{res}(a) \tag{1.91}$$

となる.

証明 $f(z)$ の D におけるローラン展開を

$$f(z) = \sum_{n=-\infty}^{\infty} c_n(z-a)^n$$

とすると, 右辺の級数は C で一様収束するので C で項別積分可能であり,

$$\int_C f(z)dz = \sum_{n=-\infty}^{\infty} c_n \int_C (z-a)^n dz = 2\pi i c_{-1}$$

となる. □

定理 1.12.2 D を無限遠点を含まない単連結な領域とする. D 内の点 a_1, $a_2, \cdots, a_m$ を除いて $f(z)$ が正則であるとし, C を $a_1, a_2, \cdots, a_m$ を通らない反時計回りの D 内の単純閉曲線とする. このとき, 次式が成り立つ.

$$\int_C f(z)dz = 2\pi i \sum_{j=1}^{l} \text{res}(a_{m_j}) \tag{1.92}$$

ここで, $a_{m_1}, \cdots, a_{m_l}$ は, $a_1, a_2, \cdots, a_m$ のうち, C の内部にある点である.

証明 $f(z)$ の点 a_j のまわりのローラン展開を

$$f(z) = \sum_{n=-\infty}^{\infty} c_n(z-a_j)^n$$

とする. この主要部を $P(z,a_j) = \sum_{n=1}^{\infty} c_{-n}(z-a_j)^{-n}$ とする. これは, $|z-a_j| > 0$ で正則であるから, $g(z) = f(z) - \sum_{j=1}^{m} P(z,a_j)$ とすると, $g(z)$ は D で正則となる[34]. 従って, $\int_C g(z)dz = 0$ であるから,

$$\int_C f(z)dz = \sum_{j=1}^{m} \int_C P(z,a_j)dz \tag{1.93}$$

となる. $P(z,a_j)$ は C で一様収束するから項別積分可能で,

$$\int_C P(z,a_j)dz = \sum_{n=1}^{\infty} c_{-n} \int_C (z-a_j)^{-n}dz = c_{-1}\int_C (z-a_j)^{-1}dz$$

となる. 積分は, a_j が C の内部にあれば $2\pi i$, 外部にあれば 0 である. 従っ

---

34) $g(a_j) = c_0$ とする.

て，(1.92) が成り立つ． □

◇留数の定積分への応用

上の定理を用いると，いろいろな定積分が計算できる．その際に有用な定理を次に示す．

まず，以下で用いる不等式を記す

$$\frac{2}{\pi}\theta \le \sin\theta \le \theta, \quad \left(0 \le \theta \le \frac{\pi}{2}\right).\tag{1.94}$$

問 1.12.1 (1.94) を示せ．

定理 1.12.3 ジョルダン（Jordan）の補助定理

$f(z)$ を $|z - z_0| > r_0$ で連続な関数とする．C_r を z_0 を中心とする半径 r の円弧，

$$C_r : z = z_0 + re^{i\theta}, \ 0 \le \theta_1 \le \theta \le \theta_2 \le \pi, r > r_0$$

とする．また，M_r を C_r 上の $|f(z)|$ の最大値とする．$\lim_{r\to\infty} M_r = 0$ ならば，$b > 0$ として，

$$\lim_{r\to\infty}\int_{C_r} e^{ibz}f(z)dz = 0,$$

が成り立つ．

<u>証明</u> 積分を I_r とおくと，

$$I_r = \int_{C_r} e^{ibz}f(z)dz = \int_{\theta_1}^{\theta_2} e^{ibz_0 + ibr\cos\theta - br\sin\theta} ire^{i\theta} f(z_0 + re^{i\theta})d\theta$$

であるから，

$$|I_r| \leq \int_{\theta_1}^{\theta_2} |e^{ibz_0 + ibr\cos\theta - br\sin\theta} ire^{i\theta}| M_r d\theta$$

$$= M_r |e^{ibz_0}| r \int_{\theta_1}^{\theta_2} e^{-br\sin\theta} d\theta$$

$$\leq M_r |e^{ibz_0}| r \int_0^{\pi} e^{-br\sin\theta} d\theta$$

$$= 2M_r |e^{ibz_0}| r \int_0^{\pi/2} e^{-br\sin\theta} d\theta$$

となる. $0 \leq \theta \leq \frac{\pi}{2}$ で, $\frac{2}{\pi}\theta \leq \sin\theta$ であるから

$$|I_r| \leq 2M_r |e^{ibz_0}| r \int_0^{\pi/2} e^{-2br\theta/\pi} d\theta = M_r |e^{ibz_0}| \frac{\pi}{b}(1 - e^{-br}).$$

$r \to \infty$ とすると, 右辺は 0 に収束する. □

定理 1.12.4 $z = z_0$ が $f(z)$ の孤立特異点で 1 位の極とする. $f(z)$ の定義域内の円弧 C_r を

$$C_r : z = z_0 + re^{i\theta}, \ \theta_1 \leq \theta \leq \theta_2, \ 0 \leq \theta_2 - \theta_1 \leq 2\pi$$

とすると,

$$\lim_{r \to 0} \int_{C_r} f(z)dz = i(\theta_2 - \theta_1)\operatorname{res}(z_0). \tag{1.95}$$

証明 $f(z)$ の z_0 におけるローラン展開を

$$f(z) = \sum_{n=-1}^{\infty} c_n(z - z_0)^n$$

とする. ローラン展開は定義域で広義一様収束するから, 右辺は C_r で項別積分可能である.

$$\int_{C_r} f(z)dz = \sum_{n=-1}^{\infty} \int_{C_r} c_n(z - z_0)^n dz = \sum_{n=-1}^{\infty} \int_{\theta_1}^{\theta_2} c_n ir^{n+1} e^{i(n+1)\theta} d\theta$$

$$= i(\theta_2 - \theta_1)c_{-1} + \sum_{n=0}^{\infty} c_n r^{n+1} \frac{1}{n+1} [e^{i(n+1)\theta}]_{\theta_1}^{\theta_2}.$$

$r \to 0$ とすると, 右辺第 2 項は 0 に収束する. □

留数で計算できるいくつかの定積分のタイプを記す.

(1) $f(x,y)$ を x,y に関する有理関数とする.

$$\int_0^{2\pi} f(\cos\theta,\sin\theta)d\theta = \int_C f\left(\frac{z+z^{-1}}{2},\frac{z-z^{-1}}{2i}\right)\frac{1}{iz}dz$$
$$= 2\pi i \times (C\,内の極における留数の和). \qquad (1.96)$$

ここで, C は, 反時計回りに原点を1周する単位円である.

(2) $f(z)$ は実軸と上半平面を含む領域において, 上半平面の有限個の極 a_1, $a_2,\cdots,a_m$ 以外で正則で, 実軸上で極を持たず, $\lim_{z\to\infty} zf(z) = 0$ とする. このとき,

$$\int_{-\infty}^{\infty} f(x)dx = 2\pi i\sum_{i=1}^m \mathrm{res}(a_i). \qquad (1.97)$$

具体例: $P(x),Q(x)$ がそれぞれ m 次, n 次の共通因子を持たない多項式で, $n-m\geq 2$ かつ $Q(x)=0$ が実根を持たないものとしたとき, $f(z)=\frac{P(z)}{Q(z)}$ と表される場合.

証明 積分路を $[-R,R]$ と原点を中心とする半径 R の半円 $C_R: z=Re^{i\theta}$, $\theta\in[0,\pi]$ として, $f(z)$ を積分する.

$$\left|\int_{C_R} f(z)dz\right| = \left|\int_0^\pi f(Re^{i\theta})iRe^{i\theta}d\theta\right| \leq \pi RM_R.$$

ここで, M_R は C_R 上での $|f(z)|$ の最大値. 条件より, $\lim_{z\to\infty}|zf(z)|=0$ であるから, $\lim_{R\to\infty} RM_R=0$. 従って, (1.97) が成り立つ. □

(3) $f(z)$ は実軸と上半平面を含む領域において, 上半平面の有限個の極 a_1, $a_2,\cdots,a_m$ 以外で正則で, 実軸上で極を持たず, $\lim_{z\to\infty} f(z)=0$ とする. このとき, $b>0$ として,

$$\int_{-\infty}^{\infty} f(x)e^{ibx}dx = 2\pi i\sum_{i=1}^m \mathrm{res}(f(z)e^{ibz},a_i). \qquad (1.98)$$

具体例: $P(x),Q(x)$ がそれぞれ m 次, n 次の共通因子を持たない多項式で, $n-m\geq 1$ かつ $Q(x)=0$ が実根を持たないものとしたとき, $f(z)=\frac{P(z)}{Q(z)}$ と表される場合.

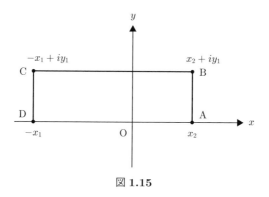

図 **1.15**

<u>証明</u> 積分路を $[-R, R]$ と原点を中心とする半径 R の半円 $C_R : z = Re^{i\theta}$, $\theta \in [0, \pi]$ として,$f(z)e^{ibz}$ を積分する.C_R 上での積分は,ジョルダンの補助定理により $R \to \infty$ で 0 となる.$\int_{-\infty}^{\infty} f(x)e^{ibx}dx$ は,$\lim_{z \to \infty} zf(z) = 0$ なら収束するので,(1.98) が成立する.一方,$\lim_{z \to \infty} f(z) = 0$ の場合は,少し込み入った議論が必要である.

$y_1 > 0$ として,複素平面上の点,A $(z = x_2)$,B$(z = x_2 + iy_1)$,C$(z = -x_1 + iy_1)$,D $(z = -x_1)$ を頂点とする長方形の周上で積分する(図 1.15 参照).x_1, x_2, y_1 は十分大きくするので,この長方形内に上半平面の全ての極を含んでいるとしてよい.また,$\lim_{z \to \infty} f(z) = 0$ であるから,$z = \frac{1}{\zeta}$ とおくと,$f(z) = f(\frac{1}{\zeta})$ は,ζ の関数として,$\zeta = 0$ で 1 位以上の零点となる.従って,$|zf(z)|$ は有界であるから,$|z|$ が十分大きいときに,$|zf(z)| \leq C_1$ が $|z|$ が成り立つような C_1 が存在する.従って,

$$\left| \int_{AB} f(z)e^{ibz}dz \right| = \left| \int_0^{y_1} f(x_2 + iy)e^{ibx_2 - by}idy \right|$$
$$\leq C_1 \int_0^{y_1} \frac{1}{|x_2 + iy|}e^{-by}dy < \frac{C_1}{x_2 b}(1 - e^{-by_1})$$
$$< \frac{C_1}{x_2 b}$$

となる.同様に,

$$\left| \int_{\mathrm{CD}} f(z)e^{ibz}dz \right| = \left| \int_{y_1}^{0} f(-x_1+iy)e^{-ibx_1-by}idy \right|$$

$$\leq C_1 \int_0^{y_1} \frac{1}{|-x_1+iy|}e^{-by}dy < \frac{C_1}{x_1 b}(1-e^{-by_1})$$

$$< \frac{C_1}{x_1 b}$$

となる．また，

$$\left| \int_{\mathrm{BC}} f(z)e^{ibz}dz \right| = \left| \int_{x_2}^{-x_1} f(x+iy_1)e^{ibx-by_1}dx \right|$$

$$< C_1 \frac{1}{y_1} \int_{-x_1}^{x_2} e^{-by_1}dx = \frac{C_1}{y_1}e^{-by_1}(x_2+x_1).$$

従って，x_1, x_2 を固定して，$y_1 \to \infty$ とすると，BC 上の積分は 0 になるので，

$$\int_{\mathrm{ABCDA}} f(z)e^{ibz}dz = 2\pi i \sum_{i=1}^{m} \mathrm{res}(f(z)e^{ibz}, a_i) \tag{1.99}$$

より，

$$\left| \int_{-x_1}^{x_2} f(x)e^{ibx}dx - 2\pi i \sum_{i=1}^{m} \mathrm{res}(f(z)e^{ibz}, a_i) \right| < \frac{C_1}{x_1 b} + \frac{C_1}{x_2 b}. \tag{1.100}$$

従って，$x_1 \to \infty, x_2 \to \infty$ のとき，$\int_{-x_1}^{x_2} f(x)e^{ibx}dx$ は収束し，

$$\int_{-\infty}^{\infty} f(x)e^{ibx}dx = 2\pi i \sum_{i=1}^{m} \mathrm{res}(f(z)e^{ibz}, a_i) \tag{1.101}$$

となる． □

(4) Mellin 変換型の積分

$f(z)$ は有理関数で正の実軸上に極を持たず，$z \to \infty$ で $|z^2 f(z)|$ が有界であるとする．また，$z = 0$ が高々一位の極であるとする．このとき，$0 < a < 1$ として，

$$\int_0^{\infty} x^a f(x)dx = \frac{2\pi i}{1-e^{2\pi ai}} \sum_j \mathrm{res}(z^a f(z), b_j). \tag{1.102}$$

ここで，和は，$z = 0$ 以外の $f(z)$ の全ての極 b_j についてとり，z の偏角

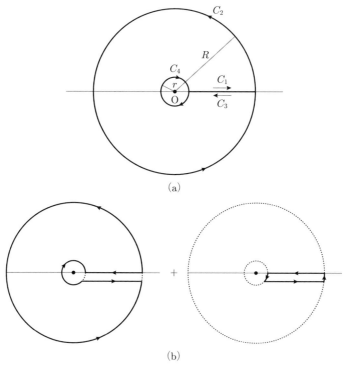

(a)

(b)

図 **1.16**

は $0 < \arg z < 2\pi$ とする.

証明 図 1.16(a) のような積分路 C で $z^a f(z)$ を積分する. C_1, C_3 は, 実軸上の $[r, R]$ の線分, 但し, C_1 では $\arg z = 0$, C_3 では $\arg z = 2\pi$. C_2, C_4 は各々, 半径 R, r の円である.

$$C_1 : z = xe^{i\arg z}, \ x \in [r, R], \ \arg z = 0,$$

$$C_2 : z = Re^{i\theta}, \ \theta \in [0, 2\pi],$$

$$C_3 = -C_3', \ C_3' : z = xe^{i2\pi}, \ x \in [r, R],$$

$$C_4 = -C_4', \ C_4' : z = re^{i\theta}, \ \theta \in [0, 2\pi]$$

とする．この積分路は，図 1.16(b) の積分路の和になっている．$z^a = e^{a(\log|z|+i\arg z)}$ は，一般に多価関数であるが，図 1.16(b) の左図の積分路で $0 \leqq \arg z < 2\pi$ とし，右図の積分路で $\frac{3}{2}\pi < \arg z \leqq 2\pi$ とすると，$z \neq 0$ で一価で正則な関数となる．従って，図 1.16(b) の各々の閉曲線に留数定理を適用し，それらの和をとると次式を得る．

$$\int_{C_1+C_2+C_3+C_4} z^a f(z)dz = 2\pi i \sum_j \mathrm{res}(z^a f(z), b_j). \tag{1.103}$$

$R \gg 1, r \ll 1$ を考えるので，右辺の和は $z = 0$ 以外の $f(z)$ の全ての留数 b_j についてとる．また，$f(z)$ は正の実軸上に極を持たないので，z の偏角は $0 < \arg z < 2\pi$ となる．まず，C_2 に沿った積分を評価する．$|z^2 f(z)|$ は $z \to \infty$ で有界なので，$A \leq |z|$ のとき，$|z^2 f(z)| \leq M$ となる $A > 0, M > 0$ がある．$A < R$ とすると，

$$\left| \int_{C_2} z^a f(z)dz \right| = \left| \int_0^{2\pi} z^a f(z) iz d\theta \right| \leq \int_0^{2\pi} |z^{a-2}|MR d\theta = 2\pi R^{a-1}M.$$

$R \to \infty$ でこの積分は 0 となる．次に，C_4 での積分を評価する．仮定より，$z = 0$ は高々 1 位の極なので，$zf(z)$ は，$z \to 0$ のとき有界である．従って，$|z| < B$ のとき，$|zf(z)| \leq L$ となる $B > 0, L > 0$ がある．C_4 全体が $|z| < B$ に入るように，r を小さくとる．すると，

$$\left| \int_{C_4} z^a f(z)dz \right| \leq \int_0^{2\pi} |z^{a-1}|Lr d\theta = 2\pi Lr^a.$$

従って，$\gamma \to 0, r \to 0$ でこの積分は 0 となる．次に C_1, C_3 に沿った積分は，

$$\int_{C_1} z^a f(z)dz = \int_r^R x^a f(x)dx, \tag{1.104}$$

$$\int_{C_3} z^a f(z)dz = -\int_r^R x^a e^{2\pi ai} f(x)dx \tag{1.105}$$

となる．条件より，広義積分 $\int_0^\infty x^a f(x)dx$ が収束することが分かるので，(1.103) において，$r \to 0, R \to \infty$ として次式を得る．

$$(1 - e^{2\pi ai}) \int_0^\infty x^a f(x)dx = 2\pi i \sum_j \mathrm{res}(z^a f(z), b_j). \qquad \square$$

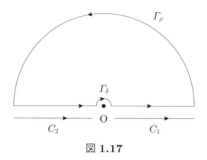

図 1.17

(5) $f(z)$ は実軸上に極を持たない有理関数で偶関数とし, $z \to \infty$ で $|z^2 f(z)|$
は有界とする. このとき,

$$\int_0^\infty f(x) \log x \, dx + \frac{\pi}{2} i \int_0^\infty f(x) dx = \pi i \sum_j \operatorname{res}(f(z) \operatorname{Log} z, b_j).$$

(1.106)

ここで, $\operatorname{Log} z$ は主値, すなわち, z の偏角は, $-\pi < \arg z < \pi$. 和は
上半平面にある全ての極についてとる.

証明 図 1.17 のように積分路をとる. $\Gamma_\rho, \Gamma_\delta$ は半径 ρ, δ の半円である. $0 <$
$\alpha < \pi$ として, $D_\alpha = \{z | \alpha - \pi < \arg z < \alpha + \pi, z \neq 0\}$ とすると, $\arg z$ は
$0, \pi$ を含む. $\arg z$ を D_α に制限したものを $\log_\alpha z$ とすると, $\log_\alpha z$ は D_α で
正則. また, 上半平面で, $\log_\alpha z = \operatorname{Log} z$. よって,

$$\int_{\Gamma_\rho + \Gamma_\delta + C_1 + C_2} f(z) \log_\alpha z \, dz = 2\pi i \sum_j \operatorname{res}(f(z) \operatorname{Log} z, b_j).$$

(1.107)

右辺の和が上半平面にある $f(z)$ の全ての極になるように, ρ を十分大きく
し, δ を十分小さくする. また, $M > 0$ が存在して, ρ が十分大きいとき,
$|z^2 f(z)| \leq M$ となる. Γ_ρ のパラメータ表示を, $z(\theta) = \rho e^{i\theta}, \theta \in [0, \pi]$ とする
と,

$$\left|\int_{\Gamma_\rho} f(z)\log_\alpha z\,dz\right| = \left|\int_0^\pi f(z)(\log\rho + i\theta)iz\,d\theta\right|$$

$$\leq \int_0^\pi |f(z)z^2|\frac{|\log\rho + i\theta|}{|z|}d\theta$$

$$\leq M\int_0^\pi \frac{\log\rho + \theta}{\rho}d\theta = \frac{M}{\rho}\left(\pi\log\rho + \frac{\pi^2}{2}\right)$$

となる. よって, $\rho \to \infty$ でこの積分は 0 となる. 次に, Γ_δ 上の積分を評価する. $f(z)$ は実軸上に極を持たないので, $z = 0$ で正則. よって, $L > 0$ が存在して, δ が十分小さいとき, $|f(z)| \leq L$ となる.

$$\left|\int_{\Gamma_\delta} f(z)\log_\alpha z\,dz\right| = \left|\int_\pi^0 f(z)(\log\delta + i\theta)iz\,d\theta\right|$$

$$\leq L\delta\int_0^\pi |\log\delta + i\theta|d\theta$$

$$\leq L\delta\int_0^\pi (-\log\delta + \theta)d\theta = L\delta\left(-\pi\log\delta + \frac{\pi^2}{2}\right).$$

よって, $\delta \to 0$ でこの積分は 0 となる. 一方, C_1, C_2 のパラメータ表示を, それぞれ, $z(x) = x, x \in [\delta, \rho]$, $z(x) = xe^{i\pi}, x \in [\rho, \delta]$ とすると,

$$\int_{C_1} f(z)\log_\alpha z\,dz = \int_\delta^\rho f(x)\log x\,dx,$$

$$\int_{C_2} f(z)\log_\alpha z\,dz = \int_\rho^\delta f(xe^{i\pi})(\log x + i\pi)e^{i\pi}dx$$

$$= \int_\delta^\rho f(-x)(\log x + i\pi)dx$$

$$= \int_\delta^\rho f(x)(\log x + i\pi)dx.$$

従って,

$$\int_{C_1+C_2} f(z)\log_\alpha z\,dz = 2\int_\delta^\rho f(x)\log x\,dx + i\pi\int_\delta^\rho f(x)dx.$$

$\delta \to 0$, $\rho \to \infty$ のとき, これらの広義積分が存在することは仮定より明らか. よって, (1.107) で $\delta \to 0$, $\rho \to \infty$ とすると,

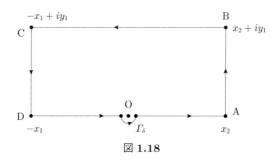

図 **1.18**

$$2 \int_0^\infty f(x) \log x \, dx + i\pi \int_0^\infty f(x) dx = 2\pi i \sum_j \mathrm{res}(f(z) \, \mathrm{Log}\, z, b_j).$$

これより，(1.106) が従う. □

◇コーシーの主値

(3) では，$f(z)$ は実軸上で極を持たないとした．そうでなければ，(1.98) の左辺の積分が意味を持たないからである．しかし，$\int_{-\infty}^\infty f(x) \cos x \, dx$ や $\int_{-\infty}^\infty f(x) \sin x \, dx$ などのように，極があっても，ある意味で積分が存在する場合がある．そのような場合を調べよう．(3) の場合について，$f(z)$ が実軸上で極を持たないという仮定をやめて，$z = 0$ で一位の極を持つとする．このとき，$\int_{-\infty}^\infty f(x) \sin x \, dx$ は次のように計算できる．図 1.18 のような積分路に沿った $f(z) e^{ibz}$ の積分を考える．Γ_δ は半径 δ の半円である．

(3) のときと同様に，x_1, x_2, y_1 を十分大きくし，δ を十分小さくすると，積分路は上半平面の全ての極と原点の極を囲む．$z = 0$ の近傍で，

$$f(z) e^{ibz} = \frac{c_{-1}}{z} + g(z)$$

とかける．ここで，c_{-1} は $z = 0$ における $f(z)$ の留数で，$g(z)$ は正則な関数．従って，

$$\int_{\Gamma_\delta} f(z) e^{ibz} dz = i\pi c_{-1} + \int_{\Gamma_\delta} g(z) dz$$

となる．一方，(3) で示したように，x_1, x_2 を固定して $y_1 \to \infty$ とすると，

BC 上の積分は 0 になる．更に，$x_1, x_2 \to \infty$ とすると，AB, CD 上の積分は 0 になる．従って，

$$\lim_{x_1 \to \infty} \int_{-x_1}^{-\delta} f(x)e^{ibx}dx + \lim_{x_2 \to \infty} \int_{\delta}^{x_2} f(x)e^{ibx}dx + i\pi c_{-1} + \int_{\Gamma_\delta} g(z)dz$$
$$= 2\pi i \left(\sum_j \text{res}(f(z)e^{ibz}, a_j) + c_{-1} \right)$$

となる．よって，

$$\left(\int_{-\infty}^{-\delta} + \int_{\delta}^{\infty} \right) f(x)e^{ibx}dx + \int_{\Gamma_\delta} g(z)dz = 2\pi i \left(\sum_j \text{res}(f(z)e^{ibz}, a_j) + \frac{c_{-1}}{2} \right).$$

この式で $\delta \to 0$ とすると，$g(z)$ の積分は 0 となり，残りの左辺の積分は右辺の値となるが，この積分値をコーシーの主値 (Cauchy principal value) と呼んで，$P, p.v., PV$ のような記号で表す．

$$P \int_{-\infty}^{\infty} f(x)e^{ibx}dx \equiv \lim_{\delta \to 0} \left(\int_{-\infty}^{-\delta} + \int_{\delta}^{\infty} \right) f(x)e^{ibx}dx. \tag{1.108}$$

従って，次の公式が得られた．

$$P \int_{-\infty}^{\infty} f(x)e^{ibx}dx = 2\pi i \left(\sum_j \text{res}(f(z)e^{ibz}, a_j) + \frac{c_{-1}}{2} \right). \tag{1.109}$$

例えば，$Q(z) = 1, P(z) = z$，つまり，$f(z) = \frac{1}{z}$ の場合には，$b = 1$ として，

$$P \int_{-\infty}^{\infty} \frac{e^{ix}}{x}dx = \pi i \tag{1.110}$$

となる．(1.110) の虚部をとって，

$$\int_0^{\infty} \frac{\sin x}{x}dx = \frac{\pi}{2} \tag{1.111}$$

が導かれる．

実軸上に複数個の極があり，それらが全て一位である場合には，(1.109) は一般化されて，

$$P \int_{-\infty}^{\infty} f(x)e^{ibx}dx = 2\pi i \sum_j \mathrm{res}(f(z)e^{ibz}, a_j) + \pi i \sum_k {}' \mathrm{res}(f(z)e^{ibz}, c_k)$$

$$(1.112)$$

となることは明らかであろう．ここで，$\sum_k'$ は，実軸上の一位の極 c_k 全てについての和である．

留数定理を用いて，以下の積分を計算してみよう．

(1) $\displaystyle \int_0^{\infty} \frac{\sin x}{x}dx = \frac{\pi}{2}$（上とは別の方法で求める）

(2) $\displaystyle \int_{-\infty}^{\infty} \cos^2 x dx = \int_{-\infty}^{\infty} \sin^2 x dx = \sqrt{\frac{\pi}{2}}$

(3) $\displaystyle \int_0^{2\pi} \frac{1}{a - \sin\theta}d\theta = \frac{2\pi}{a\sqrt{1 - \frac{1}{a^2}}}$, （$a$ は実数で，$|a| > 1$）

(4) $\displaystyle \int_{-\infty}^{\infty} \frac{\cos(bx)}{x^2 + a^2}dx = \frac{\pi}{a}e^{-ab}$, （$a > 0$, $b > 0$）

以下では，C_r を原点を中心とする半径 r の半円とする．

$$C_r : z = re^{i\theta}, \ (0 \leq \theta \leq \pi).$$

(1) 図 1.19 の閉曲線を C とする．C の内部で $\frac{e^{iz}}{z}$ は正則であるから，

$$\int_C \frac{e^{iz}}{z}dz = \int_\rho^R \frac{e^{ix}}{x}dx + \int_{C_R} \frac{e^{iz}}{z}dz + \int_{-R}^{-\rho} \frac{e^{ix}}{x}dx - \int_{C_\rho} \frac{e^{iz}}{z}dz = 0$$

$$(1.113)$$

である．実軸上の積分は

$$\int_\rho^R \frac{e^{ix}}{x}dx + \int_{-R}^{-\rho} \frac{e^{ix}}{x}dx = 2i \int_0^R \frac{\sin x}{x}dx$$

となる．一方，ジョルダンの補助定理より，(1.113) の第 2 項は $R \to \infty$ で 0

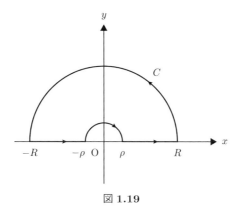

図 **1.19**

になる. 実際,

$$\left| \int_{C_R} \frac{e^{iz}}{z} dz \right| = \left| \int_0^\pi i e^{iRe^{i\theta}} \right| d\theta \le \int_0^\pi e^{-R\sin\theta} d\theta$$

$$= 2 \int_0^{\pi/2} e^{-R\sin\theta} d\theta \le 2 \int_0^{\pi/2} e^{-R\frac{2}{\pi}\theta} d\theta = \frac{\pi}{R}(1 - e^{-R})$$

であるから, $\lim_{R\to\infty} \int_{C_R} \frac{e^{iz}}{z} dz = 0$ となる. (1.113) の第 3 項, C_ρ での積分を評価する. 上に述べた定理 1.12.4 より, $\rho \to 0$ で $i\pi$ となるが, 確かめてみよう. $\frac{e^{iz}}{z} = \frac{1}{z} + \phi(z)$ とおくと, $\phi(z)$ は $z = 0$ の近傍で正則であるから, そこで $|\phi(z)| \le M$. したがって, $\left| \int_{C_\rho} \phi(z) dz \right| \le M\pi\rho$ であるから, $\lim_{\rho\to0} \int_{C_\rho} \frac{e^{iz}}{z} dz = 0$ となる. 一方,

$$\int_{C_\rho} \frac{1}{z} dz = \int_0^\pi i d\theta = i\pi.$$

したがって, $\lim_{\rho\to0} \int_{C_\rho} \frac{e^{iz}}{z} dz = i\pi$ となる. 以上の結果より, (1.113) で $R \to \infty$, $\rho \to 0$ とすると,

$$2i \int_0^\infty \frac{\sin x}{x} dx - i\pi = 0$$

となり, 与式が示される.

(2) 図 1.20 の閉曲線を C とする. C の内部で e^{-z^2} は正則であるから,

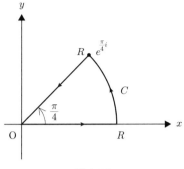

図 1.20

$$\int_C e^{-z^2}\,dz = \int_0^R e^{-x^2}\,dx + \int_0^{\pi/4} e^{-R^2 e^{2i\theta}} Re^{i\theta} i\,d\theta - \int_0^R e^{-r^2 e^{i\pi/2}} e^{i\pi/4}\,dr = 0.$$

(1.114)

右辺の各積分を評価しよう. それぞれ, J_1, J_2, J_3 とする. ガウス積分の公式より, $\displaystyle\lim_{R\to\infty} J_1 = \int_0^\infty e^{-x^2}\,dx = \frac{\sqrt{\pi}}{2}$ である. また, $2\theta = \frac{\pi}{2} - \theta'$ とすると,

$$|J_2| = \left| \int_0^{\pi/4} e^{-R^2 e^{2i\theta}} Re^{i\theta} i\,d\theta \right| \leq R \int_0^{\pi/4} e^{-R^2 \cos(2\theta)}\,d\theta$$

$$= \frac{R}{2} \int_0^{\pi/2} e^{-R^2 \sin\theta'}\,d\theta' \leq \frac{R}{2} \int_0^{\pi/2} e^{-R^2 \frac{2}{\pi}\theta'}\,d\theta' = \frac{\pi}{4R}(1 - e^{-R^2}).$$

よって, $\displaystyle\lim_{R\to\infty} J_2 = 0$. J_3 は,

$$-e^{i\pi/4} \int_0^R e^{-ir^2}\,dr = -\frac{1+i}{\sqrt{2}} \int_0^R (\cos r^2 - i\sin r^2)\,dr.$$

よって, (1.114) で $R \to \infty$ とすると,

$$\frac{\sqrt{\pi}}{2} - \frac{1+i}{\sqrt{2}} \int_0^\infty (\cos r^2 - i\sin r^2)\,dr = 0.$$

実部と虚部をとると,

$$\frac{\sqrt{\pi}}{2} - \frac{1}{\sqrt{2}}\left(\int_0^\infty \cos r^2 dr + \int_0^\infty \sin r^2 dr\right) = 0,$$

$$-\frac{1}{\sqrt{2}}\left(\int_0^\infty \cos r^2 dr - \int_0^\infty \sin r^2 dr\right) = 0.$$

これらより,

$$\int_0^\infty \cos r^2 dr = \int_0^\infty \sin r^2 dr = \frac{1}{2}\sqrt{\frac{\pi}{2}}$$

を得る.

(3) 求めるべき積分を I とおく. $\sin\theta = \dfrac{e^{i\theta} - e^{-i\theta}}{2i}$ であるから, C を半径 1 の円として, $z = e^{i\theta}, \theta \in [0, 2\pi]$ とパラメータ表示する. すると,

$$\frac{1}{a - \sin\theta} = -2i\frac{z}{z^2 - 2iaz - 1}$$

となるので,

$$\int_C \frac{1}{z^2 - 2iaz - 1}dz = \int_0^{2\pi} \frac{iz}{z^2 - 2iaz - 1}d\theta = -\frac{1}{2}I$$

となる. $z^2 - 2iaz - 1 = 0$ の根は, $z_\pm = i(a \pm \sqrt{a^2 - 1})$ (複号同順) である. まず, $a > 1$ とする. $1 - (a - \sqrt{a^2 - 1}) = \sqrt{a-1}(\sqrt{a+1} - \sqrt{a-1}) > 0$ であるから, $|z_-| < 1$ である. したがって, $\dfrac{1}{z^2 - 2iaz - 1}$ の C 内の極は z_- のみであり, これは 1 位の極なので, 留数は,

$$\lim_{z \to z_-}\left((z - z_-)\frac{1}{z^2 - 2iaz - 1}\right) = \lim_{z \to z_-}\frac{1}{z - z_+} = \frac{1}{z_- - z_+} = \frac{i}{2\sqrt{a^2 - 1}}$$

である. 従って,

$$I = -4\pi i\ \mathrm{res}(z_-) = \frac{2\pi}{\sqrt{a^2 - 1}} = \frac{2\pi}{a\sqrt{1 - \frac{1}{a^2}}}$$

となる. $a < -1$ のときには, $\theta' = -\theta$ として, 積分範囲を 2π だけずらすと,

$$I = \int_0^{2\pi}\frac{1}{a + \sin\theta'}d\theta' = -\int_0^{2\pi}\frac{1}{|a| - \sin\theta'}d\theta' = -\frac{2\pi}{|a|\sqrt{1 - \frac{1}{a^2}}} = \frac{2\pi}{a\sqrt{1 - \frac{1}{a^2}}}$$

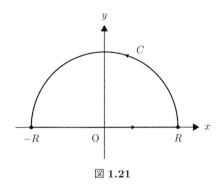

図 **1.21**

となり，$a > 1$ のときと同じ表式となる．

(4) 図 1.21 の閉曲線を C とする．$f(z) = \frac{e^{ibz}}{z^2+a^2}$ は C の内部に 1 位の曲 $z = ia$ を持つ．留数定理より，

$$\int_C f(z)dz = 2\pi i \ \mathrm{res}(ia). \tag{1.115}$$

ここで，

$$\mathrm{res}(ia) = \lim_{z \to ia} (z - ia)f(z) = \frac{e^{-ab}}{2ia}$$

である．一方，

$$\int_C f(z)dz = \int_{-R}^{R} \frac{e^{ibx}}{x^2 + a^2}dx + \int_{C_R} \frac{e^{ibz}}{z^2 + a^2}dz$$

である．第 2 項を評価は，ジョルダンの補助定理より $R \to \infty$ で 0 になる．よって，(1.115) で，$R \to \infty$ とすると，

$$\int_{-\infty}^{\infty} \frac{e^{ibx}}{x^2 + a^2}dx = \frac{\pi}{a}e^{-ab}.$$

実部より，与式が示される．

1.12.1　多価関数の積分

Mellin 変換型の積分の応用例として，次の多価関数の定積分を考える．

$$\int_0^\infty \frac{x^{-\alpha}}{1+x}dx = \frac{\pi}{\sin(\alpha\pi)}, \quad 0 < \alpha < 1. \tag{1.116}$$

例えば，次の定積分

$$\int_a^b \frac{1}{\sqrt{(x-a)(b-x)}}dx = \pi, \quad a,b \in \mathbb{R}, \ a < b \tag{1.117}$$

は，変数変換 $u = \frac{b-x}{x-a}$ で，(1.116) の $\alpha = \frac{1}{2}$ の場合に帰着される．(1.116) を証明しよう．$a = 1 - \alpha$, $f(x) = \frac{1}{x(1+x)}$ とおくと，$0 < a < 1$ であり，$z = 0$ は $f(z)$ の 1 位の極となる．また，$|z| > 2$ なら，$|z^2 f(z)| = \frac{1}{|1+1/z|} \le \frac{1}{1-1/|z|} < 2$ となるので，Mellin 変換型の積分の条件を満たす．従って，

$$\int_0^\infty \frac{x^{-\alpha}}{1+x}dx = \int_0^\infty x^a f(x)dx = \frac{2\pi i}{1-e^{2\pi ai}} \ \text{res}\left(\frac{z^a}{z(z+1)}, -1\right).$$

$z = -1$ の偏角は $(0, 2\pi)$ の範囲であるから π となるので，

$$\text{res}\left(\frac{z^a}{z(z+1)}, -1\right) = \lim_{z \to -1} z^{a-1} = e^{(a-1)(\ln|-1|+i\pi)} = e^{(a-1)\pi i}.$$

従って，

$$\int_0^\infty \frac{x^{-\alpha}}{1+x}dx = \frac{2\pi i}{1-e^{2\pi ai}}e^{(a-1)\pi i} = \frac{2\pi i}{1-e^{2\pi(1-\alpha)i}}e^{-\alpha\pi i} = \frac{\pi}{\sin(\alpha\pi)}.$$

1.13 有理型関数

ある点，あるいはある領域で，$f(z)$ が正則であるか極をもつとき，その点，あるいはその領域で，$f(z)$ は有理型であるという．つまり，孤立特異点があれば，それらは全て極である．

定理 1.13.1 $f(z), g(z)$ が領域 D で有理型なら，$f(z) \pm g(z), f(z)g(z), \frac{f(z)}{g(z)}$ も D で有理型である．但し，$\frac{f(z)}{g(z)}$ において，$g(z)$ は恒等的に 0 ではないとする．

<u>証明</u> $D \ni z_0$ として，そこで有理型であることを示そう．$f(z) \pm g(z)$ が有理

型なのは明らかである. z_0 の近傍で

$$f(z) = \sum_{n=k}^{\infty} c_n(z - z_0)^n, \ c_k \neq 0, \ g(z) = \sum_{n=l}^{\infty} d_n(z - z_0)^n, \ d_l \neq 0$$

とする. ここで, k, l は整数で, $k < 0$ あるいは, $l < 0$ の場合は, $f(z)$ あるいは $g(z)$ が z_0 で極をもつ場合である.

$$f(z) = (z - z_0)^k f_0(z), \ g(z) = (z - z_0)^l g_0(z)$$

とおくと, $f_0(z), g_0(z)$ は, z_0 の近傍で正則である[35]. 従って, $f_0(z)g_0(z)$ は, z_0 の近傍で正則で,

$$f(z)g(z) = (z - z_0)^{k+l} f_0(z)g_0(z)$$

となるから, $f(z)g(z)$ は有理型である. $\frac{f(z)}{g(z)}$ の場合には, 仮定より, $d_l \neq 0$ であるから, $g_0(z_0) \neq 0$ となる. 従って, $\frac{f_0(z)}{g_0(z)}$ は, z_0 の近傍で正則で,

$$\frac{f(z)}{g(z)} = (z - z_0)^{k-l} \frac{f_0(z)}{g_0(z)}$$

であるから, 有理型となる. □

上の証明における整数 k について, $k > 0$ のとき a を $f(z)$ の k 位の零点と呼ぶ. $k < 0$ のときは, a は $f(z)$ の $(-k)$ 位の極である.

例 z の多項式を $P(z), Q(z)$ とすると, $\frac{Q(z)}{P(z)}$ は, 有理型関数である. ただし, $P(z)$ は恒等的に 0 ではないとする.

◇有理型関数の性質

$f(z)$ が $z = a$ において k 位の極を持つとき, $f_0(z) = (z - a)^k f(z)$ は, $z = a$ で正則で $f_0(a) \neq 0$ である. 従って,

$$f(z) = \frac{1}{(z - a)^k} f_0(z)$$

---

[35] $f_0(z_0) = c_k, g_0(z_0) = d_l$ と定義する.

となるので，$\lim_{z \to a} f(z) = \infty$ となる．従って，$f(z)$ の値域を無限遠点を含めた
リーマン球面と考えれば，$f(z)$ は $z = a$ でも連続である．

　これより，有理型関数 $w = f(z)$ は，無限遠点を加えた z 球面から無限遠点
を加えた w 球面への写像と考えることができる．このとき，次の一致の定理
が得られる．

定理 1.13.2 一致の定理

$f(z), g(z)$ が z 球面の領域 D[36)] で有理型で，D 内に収束点を持つ集合 A で
$f(z) = g(z)$ なら，D で $f(z) = g(z)$ となる．

証明 D 内の点 a を A の集積点とする．まず，$a(\neq \infty)$ とする．a は $f(z)$ や
$g(z)$ の極かもしれないが，

$$f_0(z) = (z-a)^k f(z), \quad g_0(z) = (z-a)^k g(z)$$

が a で正則となるような整数 $k(\geq 0)$ をとることができる．よって，一致の定
理より，a のある近傍 $U(a,r) = \{|z-a| < r\}$ で $f_0(z) = g_0(z)$ が成り立つ．
従って，$\{0 < |z-a| < r\}$ で $f(z)$ と $g(z)$ のローラン展開は一致する．すなわ
ち，$f(z) = g(z)$．次に，D において二つの関数が一致することを示す．$f(z)$
の極 $\{a_i\}$ と $g(z)$ の極 $\{b_j\}$ を D から取り除いたものを D_0 とすると，D_0 で
$f(z)$ と $g(z)$ は正則である．従って，一致の定理より，D_0 で $f(z) = g(z)$ と
なるので，a_i や b_j で同じローラン展開を持つ．従って，D で $f(z) = g(z)$ と
なる．次に，$a = \infty$ のときを考えよう．このとき，0 は $f\left(\frac{1}{\zeta}\right)$ や $g\left(\frac{1}{\zeta}\right)$ の
極かもしれないが，

$$f_0(\zeta) = \zeta^k f\left(\frac{1}{\zeta}\right), \quad g_0(\zeta) = \zeta^k g\left(\frac{1}{\zeta}\right)$$

が 0 で正則となるような整数 $k(\geq 0)$ をとることができる．よって，一致の定
理より，0 のある近傍 $U(0,r) = \{|\zeta| < r\}$ で $f_0(\zeta) = g_0(\zeta)$ が成り立つ．従っ
て，$\{0 < |\zeta| < r\}$ で $f(\frac{1}{\zeta})$ と $g(\frac{1}{\zeta})$ のローラン展開は一致し，$f(\frac{1}{\zeta}) = g(\frac{1}{\zeta})$
となる．すなわち，$\frac{1}{r} < |z|$ で $f(z) = g(z)$．一方，D_0 で $f(z)$ と $g(z)$ は正則

---

36)　$D \ni \infty$ でもよい．

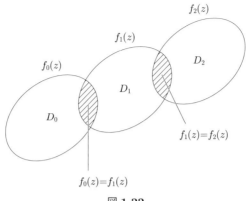

図 **1.22**

であるから，一致の定理より，D_0 で $f(z) = g(z)$ である．よって，a_i, b_j で同じローラン展開を持つから，D で $f(z) = g(z)$ となる． $\qquad\square$

1.14 解析接続

◇直接接続と間接接続

　有理型関数 $f_0(z)$ が領域 D_0 で定義されているとする．このとき，別の有理型関数 $f_1(z)$ が領域 D_1 で定義されていて，$D_0 \cap D_1 \neq \phi$ とする．$D_0 \cap D_1 \ni a$ の近傍で $f_0(z) = f_1(z)$ が成り立つなら，一致の定理より $D_0 \cap D_1$ で $f_0(z) = f_1(z)$ となる．このとき，$f_1(z)$ を a における $f_0(z)$ の**直接接続**という．逆に，$f_0(z)$ は $f_1(z)$ の a における直接接続である．このようにして，$f_0(z)$ を D_0 以外の領域に拡張していくことができる（図 1.22 参照）．

$$f_1(z) \text{ が } f_0(z) \text{ の } a_1 \text{ における直接接続,}$$
$$f_2(z) \text{ が } f_1(z) \text{ の } a_2 \text{ における直接接続,}$$
$$\cdots,$$
$$f_n(z) \text{ が } f_{n-1}(z) \text{ の } a_n \text{ における直接接続}$$

のとき，$f_n(z)$ を $f_0(z)$ の**間接接続**という．

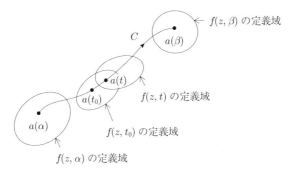

図 **1.23**

ここで，曲線 C に沿う接続，**曲線接続**を定義する．

$$C : z = a(t), \ (\alpha \le t \le \beta)$$

とする．C 上の任意の点 $a(t)$ は，有理型関数 $f(z,t)$ の定義域に含まれているとする．また，C 上の任意の点 $a(t_0)$ に対して，適当な $\delta > 0$ をとると，$|t - t_0| < \delta$ のとき，$f(z,t)$ は，$a(t)$ における $f(z,t_0)$ の直接接続となっているとする．このとき，$f(z,\beta)$ を $f(z,\alpha)$ の曲線 C に沿う接続という（図 1.23 参照）．

◇**解析接続**

有理型関数 $f(z)$ の間接接続の全体と曲線接続の全体が一致することを示すことができる[37]．従って，これらを $f(z)$ の**解析接続**，または**接続**という．

　例

$$f_0(z) = \sum_{n=0}^{\infty} z^n. \tag{1.118}$$

を考える．(1.118) の収束半径 R_0 は $R_0 = 1$ で，$f_0(z)$ は $D_0 = \{|z| < 1\}$ で正則である．一方，$z \ne 1$ で正則な関数 $f(z) = \dfrac{1}{1-z}$ の $z = 0$ におけるテイラー展開は (1.118) の右辺と一致する．よって，$f(z)$ は $f_0(z)$ の直接接続とな

---

37)　巻末の参考書を参照.

っている.

◇解析関数

ある有理型関数 $f_0(z)$ の解析接続の全体を考えよう. それらを区別する添字 λ を導入する. λ の全体を Λ とかく. すなわち, $\Lambda \ni \lambda$ に対して $f_0(z)$ の解析接続 $f_\lambda(z)$ が対応する. $f_\lambda(z)$ の定義域を D_λ とすると, $D = \bigcup_{\lambda \in \Lambda} D_\lambda$ は領域となる. D において, $f(z)$ を次のように定義する.

$$z \in D_\lambda のとき, f(z) = f_\lambda(z).$$

例えば, 以前定義した $\log z$ は, 次のように表すことができる.

$$D_\lambda = \{\lambda - \pi < \arg z < \lambda + \pi\}, \ \log_\lambda z = \log|z| + i \arg z$$

とおくと,

$$z \in D_\lambda のとき, \log z = \log_\lambda z$$

となる. この例のように, 一般に $f(z)$ は多価関数であるが. この関数 $f(z)$ を解析関数といい, $f_\lambda(z)$ を $f(z)$ の枝という.

1.15 等角写像

命題 1.15.1 $w = f(z)$ が領域 D において正則とする. また, $z_0 \in D$ で, $w_0 = f(z_0), f'(z_0) \neq 0$ とする. z_0 で交わる二つの滑らかな曲線を C_1, C_2 とし, f による C_1, C_2 の像を $\tilde{C}_1, \tilde{C}_2$ とすると, $\tilde{C}_1, \tilde{C}_2$ は w_0 で交わる. このとき, z_0 において C_1, C_2 のなす角と, w_0 において $\tilde{C}_1, \tilde{C}_2$ のなす角は, 向きも含めて等しい.

このような性質があるため, $f(z)$ は**等角写像**と呼ばれる.

<u>証明</u> C_1, C_2 のパラメータ表示を

$$C_1 : z = z_1(t), t \in [\alpha, \beta], z_0 = z_1(t_0), \alpha < t_0 < \beta,$$

$$C_2 : z = z_2(t), t \in [\alpha, \beta], z_0 = z_2(t_0)$$

とする．z_0 における C_1 に対する C_2 のなす角を ϕ とすると，これは二つの曲線の z_0 での接線のなす角である．また，$z_j(t) = x_j(t) + iy_j(t)$, $(j = 1, 2)$ とすると，$z_j'(t) = x_j'(t) + iy_j'(t)$ であるから，$z_j'(t)$ の偏角は，$z_j(t)$ における曲線 C_j の接線の向きが実軸となす角となる．ここで，$'$ は t での微分を意味する．従って，

$$\phi = \arg(z_2'(t_0)) - \arg(z_1'(t_0)) = \arg\left(\frac{z_2'(t_0)}{z_1'(t_0)}\right) \pmod{2\pi}$$

と表される[38]．$\tilde{C}_1, \tilde{C}_2$ は

$$\tilde{C}_1 : w = w_1(t) = f(z_1(t)), t \in [\alpha, \beta], f(z_0) = f(z_1(t_0)),$$
$$\tilde{C}_2 : w = w_2(t) = f(z_2(t)), t \in [\alpha, \beta], f(z_0) = f(z_2(t_0))$$

とパラメータ表示されるから，w_0 における $\tilde{C}_1$ に対する $\tilde{C}_2$ のなす角 $\tilde{\phi}$ は，

$$\tilde{\phi} = \arg\left(\frac{w_2'(t_0)}{w_1'(t_0)}\right) \pmod{2\pi}$$

であるが，

$$\frac{d}{dt}w_i(t) = \frac{d}{dt}f(z_i(t)) = f'(z_i(t))\frac{dz_i}{dt}(t), \ i = 1, 2$$

であるから，

$$\tilde{\phi} = \arg\left(\frac{f'(z_0)z_2'(t_0)}{f'(z_0)z_1'(t_0)}\right) = \arg\left(\frac{z_2'(t_0)}{z_1'(t_0)}\right) = \phi \pmod{2\pi}$$

となり，向きも含めて．$\tilde{\phi} = \phi \pmod{2\pi}$ となる． $\square$

◇等角写像の例

(1) $w = Az \ (A \neq 0)$

$A = Re^{i\phi}, z = re^{i\theta}$ とおくと，$w = Rre^{i(\phi+\theta)}$ となるので，w は z を ϕ だけ回転し，原点からの距離を R 倍した点にうつる．従って，図形はそれと相似な図形にうつる．また，$R = |A|$ が拡大率となる．

(2) $w = z + B$

---

[38] C_1, C_2 は滑らかな曲線であるので．$z_1'(t) \neq 0, z_2'(t) \neq 0$.

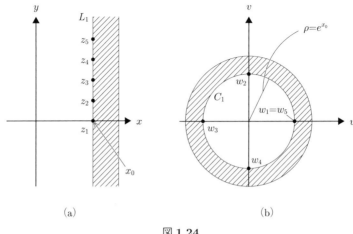

図 **1.24**

図形を B だけ平行移動する.

(3) $w = \dfrac{1}{z}$

z 平面における直線や円を w 平面における直線や円にうつす. 具体的には,

(a) 原点を通る直線を原点を通る直線にうつし, 原点を通らない直線を原点を通る円にうつす.

(b) 原点を通る円を原点を通らない直線にうつし, 原点を通らない円を原点を通らない円にうつす.

(4) $w = \dfrac{\alpha z + \beta}{\gamma z + \delta}, \ (\alpha\delta - \beta\gamma) \neq 0$

これは, (1), (2), (3) の合成で表されるので, z 平面における直線や円を w 平面における直線や円にうつす.

(5) $w = e^z$

$w = u + iv, z = x + iy$ とおくと, $u = e^x \cos y, v = e^x \sin y$ となる. さらに, $w = \rho e^{i\psi}$ とおくと, $\rho = e^x, \psi = y$ となる. 図 1.24(a) のように, z 平面で $x = x_0$ の直線を L_1 とし, その上に点, $z_1 = x_0, z_2 = x_0 + i\dfrac{\pi}{2}$,

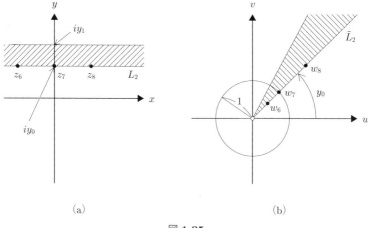

(a)　　　　　　　　　　　　(b)

図 1.25

$z_3 = x_0 + i\pi$, $z_4 = x_0 + i\dfrac{3\pi}{2}$, $z_5 = x_0 + i2\pi$ をとる. これらは w 平面で図 1.24(b) の点 $w_1, \cdots, w_5$ にうつる. この写像で, $x = x_0$ の直線 L_1 は, 半径 $\rho = e^{x_0}$ の円 C_1 となる. また, 図 1.24 のように, z 平面の x が一定となる 2 つの直線の間の領域は, w 平面の円環にうつる.

　一方, 図 1.25(a) のように, z 平面における $y = y_0$ の直線 L_2 上の点を $z_6, z_7 = iy_0, z_8$ とする. これらは w 平面で図 1.25(b) の位置 w_6, w_7, w_8 にうつる. 従って, $y = y_0$ の直線は, 原点から無限遠点 ∞ に向かう $\psi = y_0$ の半直線 $\widetilde{L}_2$ に写像される. また, 図 1.25 のように, z 平面で $y = y_0$ の直線と $y = y_1$ の直線で囲まれた領域は, w 平面では, 原点から無限遠点 ∞ に向かう二つの半直線 $\psi = y_0$ と $\psi = y_1$ の間の領域に写像される[39].

　この写像により, z 平面で y が $[0, 2\pi]$ の間の点は, $\psi = 0$ から $\psi = 2\pi$ の間の点, すなわち w 平面全体にうつる. n を整数とすると, y が $2n\pi$ 変化しても w は同じであるから, z 平面で y が $[2n\pi, 2(n+1)\pi]$ の間の点も w 平面全体にうつる (図 1.26). 逆関数は $z = \log w$ であるが,

---

39)　図 1.25 の場合は, $0 < y_0 < y_1 < \pi/2$ である.

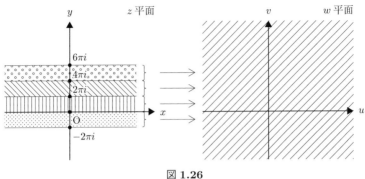

図 1.26

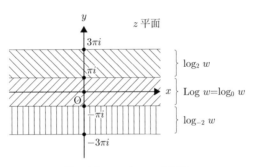

図 1.27: $z = \log w$ の値域

これは無限多価関数である. w の偏角を $D_l = \{(l-1)\pi < \arg w < (l+1)\pi, w \neq 0\}$ に制限したものを $\log_l w$ とすると，これは D_l で一価関数となり，その値域は図 1.27 のようになる．例えば主値をとると，$z = \mathrm{Log}\, w$ は $w \neq 0$ で微分可能で，$\dfrac{dz}{dw} = \dfrac{1}{w}$ となる．しかし，$w = 0$ では正則でないので，$w = 0$ では等角写像とならない（図 1.28 参照）.

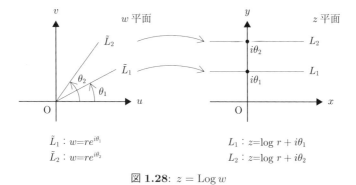

図 **1.28**: $z = \operatorname{Log} w$

問 **1.15.1** (3) の (a), (b) を証明せよ.

第2章

理工学への応用

この章では，前章で学んだ事柄を理工学の問題へ応用する．

2.1 ラプラス方程式と等角写像

ラプラス方程式は，電磁気学[1]や流体力学[2]などに頻繁に出てくる．

2.1.1 電磁気学の例

3次元空間の電荷分布を $\rho(\boldsymbol{x})$ とする．ここで，$\boldsymbol{x} = (x_1, x_2, x_3)$ は3次元の位置ベクトルである．真空中に電荷があるとし，ε_0 を真空の誘電率とする．このとき，$\rho(\boldsymbol{x})$ の作る電位（単位電荷の位置エネルギー）$\phi(\boldsymbol{x})$ は，次のポアソン方程式を満たす．

$$\nabla^2 \phi(\boldsymbol{x}) = -\frac{1}{\varepsilon_0} \rho(\boldsymbol{x}). \tag{2.1}$$

ここで，$\nabla^2 = \frac{\partial^2}{\partial x_1^2} + \frac{\partial^2}{\partial x_2^2} + \frac{\partial^2}{\partial x_3^2}$ は3次元のラプラシアンである．また，電場（単位電荷に働く力）は $\boldsymbol{E} = (E_1, E_2, E_3) = -\nabla\phi$ で与えられる．電荷が存在しない点においては，次のラプラス方程式となる．

$$\nabla^2 \phi(\boldsymbol{x}) = 0. \tag{2.2}$$

---

1) 例えば，砂川重信著『理論電磁気学』（紀伊國屋書店）参照．
2) 例えば，角谷典彦著『連続体力学』（共立出版）参照．

特に，ある方向に電位が一様な場合は，2 次元の問題になる．一様な方向を x_3 方向とする．あらためて，$x = x_1, y = x_2$ とすると，電位 ϕ は x, y のみの関数である．したがって，ラプラス方程式は，

$$\left(\frac{\partial^2}{\partial x^2} + \frac{\partial^2}{\partial y^2} \right) \phi(x, y) = 0 \tag{2.3}$$

となる．境界条件が与えられたとき，その条件のもとでこの方程式を解く．電場は $\boldsymbol{E} = (E_1, E_2) = -\nabla\phi$ で与えられる[3]．すなわち，電場は等電位面に直交する．ここで，$\nabla = (\frac{\partial}{\partial x}, \frac{\partial}{\partial y})$ である．

一方，正則関数を $w = f(z)$, $z = x + iy$, $w = u + iv$ とすると，$u(x, y)$, $v(x, y)$ は (2.3) を満たす．例えば，$g(x, y) = 0$ となるような曲面[4]上で位置エネルギーが一定値 ϕ_0 をとるという境界条件が与えられたとする．このとき，$g(x, y) = 0$ 上で $u = \phi_0$ となるような $f(z)$ があれば，$u(x, y)$ はこの境界条件を満たすラプラス方程式の解となり，$u(x, y)$ が電位となる．

w 平面で $u = $ 一定 と $v = $ 一定 の曲線群は直交するが，$w = f(z)$ は等角写像であるから，z 平面における $u(x, y) = $ 一定，$v(x, y) = $ 一定 の曲線群も直交する．接線方向が電場の方向と一致する曲線は，電気力線と呼ばれる．したがって，$u(x, y)$ が電位となるとき，$u(x, y) = $ 一定 の曲線は等電位線で，$v(x, y) = $ 一定 の曲線は電気力線となる[5]これを，もう少し詳しく見てみよう．$u(x, y)$ が電位となるとき，電場は，

$$E_1 = -u_x, \ E_2 = -u_y$$

である．コーシー・リーマンの関係式より，

$$E_1 = -v_y, \ E_2 = v_x$$

したがって，$\nabla v = (v_x, v_y)$ は電場と直交する．$v = $ 一定 の曲線と ∇v は直交するから，$v = $ 一定 の曲線の接線方向は電場の方向と一致する．した

3) x_3 方向の成分は 0 なので省略している．
4) z 方向には一様なので，xy 平面においては曲線となる．
5) 二次元の物理空間 (x, y) と複素平面は一対一に対応するため，複素平面と物理空間を区別せずに記載している．

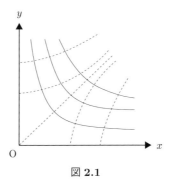

図 2.1

がって，$v = $ 一定 の曲線は電気力線となる．また，電場の強さは，$|\boldsymbol{E}| = \sqrt{E_1^2 + E_2^2} = \sqrt{u_x^2 + u_y^2} = |f'(z)|$ となる．

逆に，$g(x, y) = 0$ 上で $v(x, y) = \phi_0$ となっていれば，$v(x, y)$ はこの境界条件を満たすラプラス方程式の解となり，$v(x, y)$ が電位となり，$u(x, y) = $ 一定 の曲線が電気力線となる．

例1 直交する帯電半無限導体面によって生ずる電位と電場 （図 2.1 参照）

x_3 方向に無限に長い導体面を $\{x \geq 0,\ y = 0\}, \{x = 0,\ y \geq 0\}$ とする．境界条件は，この面上で $\phi = 0$ である．$A > 0$ として，正則関数 $w = Az^2$ を考える．$z = x + iy$，$w = u + iv$ とすると，

$$u = A(x^2 - y^2),\ v = 2Axy$$

となる．したがって，$v = 0$ なら $x = 0$ または $y = 0$ となり，境界条件を満たす．したがって，$2Axy = $ 一定 が等電位面（図の実線）で，$A(x^2 - y^2) = $ 一定 が電気力線（図の点線）を表す．

問 2.1.1 互いに $\frac{\pi}{n}$ の角度で交わる帯電半無限導体面の作る等電位面と電気力線を求めよ．（ヒント．$w = cz^n, c > 0$）

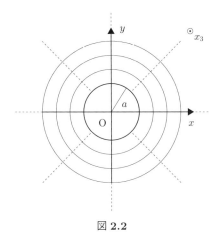

図 2.2

例 2 表面に一様に帯電した半径 a の無限円柱導体によって生ずる電位と電場
図 2.2 のように，x_3 軸方向に一様な無限円柱を考える．電荷の線密度（z 方向
の単位長さあたりの電荷）を λ とする．A を実数として，$f(z) = A \log z$ と
し，$z = x + iy = re^{i\theta}$ とすると，

$$u = A \log r, \; v = A\theta$$

となる．半径 a の円周 $r = a$ では，$u = A \log a$ は一定なので，u は電位の境
界条件を満たす．したがって，$u = $ 一定 が等電位面で，同心円となる（図の
実線群）．一方，電気力線は，$v = $ 一定 で，図の直線群（点線）となる．定数
A は次のように求まる．電場は動径方向を向くので，$\boldsymbol{E} = \frac{E(r)}{r}\boldsymbol{r}$ とする．こ
こで，$\boldsymbol{r} = (x, y)$．電磁気学の理論より，表面における電場 $E(a)$ は，$E(a) = \frac{\lambda}{2\pi a\varepsilon}$ となる．ε は誘電率．$E = -\frac{d\phi}{dr} = -A\frac{1}{r}$ であるから，$A = -\frac{\lambda}{2\pi\varepsilon}$ となる．

2.1.2 流体力学の例

　流体の流れを表す速度ベクトルを $\boldsymbol{v} = (v_1, v_2, v_3)$ とする．これは，場所
に依存するので速度場である．ここでは，$\boldsymbol{v}$ の 1 つの成分が 0 の場合を考え，
それを x_3 成分とし $v_3 = 0$ とする．また，残りの 2 つの成分が x_3 座標に依存
しないとする．つまり，x_3 軸に垂直に流体が流れ，x_3 方向には流れは一様で

あるとする．これを **2 次元流**とよぶ．$x = x_1, y = x_2$ とし，$\boldsymbol{v}$ の x, y 成分を U, V とする．簡単のため，2 次元の単連結領域 D を考える．

さて，一般に，流体の密度 ρ と速度場 $\boldsymbol{v}$ については，質量保存則より，次の連続方程式が導かれる．

$$\frac{\partial \rho}{\partial t} + \mathrm{div}(\rho \boldsymbol{v}) = 0.^{6)} \tag{2.4}$$

ここでは，さらに，非圧縮性流体を考える．すなわち，密度が変化せず，$\rho =$ 一定 とする．したがって，(2.4) より，$\mathrm{div}\,\boldsymbol{v} = 0$．よって，2 次元非圧縮流体の場合，

$$\frac{\partial U}{\partial x} + \frac{\partial V}{\partial y} = 0 \tag{2.5}$$

が成り立つ．ここで，$d\Psi = U dy - V dx$ とすると，式 (2.5) は，$d\Psi$ が完全微分となるための必要十分条件である[7]．Ψ を**流れ関数**という．したがって，

$$U = \frac{\partial \Psi}{\partial y}, \ V = -\frac{\partial \Psi}{\partial x}.$$

であるから，$(\boldsymbol{v}, \nabla \Psi) = 0$ となる．$\nabla \Psi$ は $\Psi = $ 一定 の曲線と直交するから，$\Psi = $ 一定 の曲線と速度場は平行である．接線方向が速度場と同じ向きになる曲線を**流線**とよぶ．したがって，$\Psi = $ 一定 の曲線は流線になっている．とくに，$\Psi = 0$ の流線を零流線とよぶ．速度場を $\boldsymbol{v}$ とするとき，閉曲線 C から流出する流量を計算しよう．C は反時計回りに一周するとし，図 2.3 のように外向きに法線ベクトル $\boldsymbol{n} = (n_1, n_2)$ をとる．すると，単位時間あたりに C から流出する流量 Q は，

$$Q = \int_C (\boldsymbol{v} \cdot \boldsymbol{n}) ds = \int_C (U n_1 + V n_2) ds$$
$$= \int_C (U dy - V dx) = \int_C d\Psi = (\text{1 周する間の } \Psi \text{ の変化量}) \tag{2.6}$$

となる．ここで，ds は曲線に沿う線素である．

---

6) ベクトル $\boldsymbol{A} = (A_x, A_y, A_z)$ に対して，その発散 $\mathrm{div}\boldsymbol{A}$ は，$\mathrm{div}\boldsymbol{A} = \frac{\partial A_x}{\partial x} + \frac{\partial A_y}{\partial y} + \frac{\partial A_z}{\partial z}$ と定義される．
7) 例えば，理系の数学シリーズ『物理数学』p.113 参照．

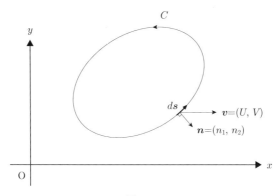

図 **2.3**

一般に $\boldsymbol{\omega} = \mathrm{rot}\,\boldsymbol{v}$[8] は渦度とよばれる．$\boldsymbol{\omega} = 0$ の場合を，渦なしと呼ぶ．このとき，$\mathrm{rot}\,\boldsymbol{v} = 0$ なので，ヘルムホルツの定理[9] より，$\boldsymbol{v} = \mathrm{grad}\,\Phi$[10] となるスカラーポテンシャル Φ が存在する．これは，**速度ポテンシャル**と呼ばれる．再び，2 次元流を考えよう．この時，$\boldsymbol{\omega} = (\omega_1, \omega_2, \omega_3)$ とすると，

$$\omega_1 = 0, \ \omega_2 = 0, \ \omega_3 = \frac{\partial V}{\partial x} - \frac{\partial U}{\partial y}$$

となる．したがって，

$$\frac{\partial^2 \Psi}{\partial x^2} + \frac{\partial^2 \Psi}{\partial y^2} = -\frac{\partial V}{\partial x} + \frac{\partial U}{\partial y} = -\omega_3$$

となる．よって，渦なしの場合は，$\nabla^2 \Psi = 0$ となる．すなわち，非圧縮性渦なし 2 次元流の流れ関数はラプラス方程式を満たす．また，

$$U = \frac{\partial \Phi}{\partial x}, \ V = \frac{\partial \Phi}{\partial y}$$

であるから，

---

8) ベクトル場 $\boldsymbol{A}$ に対して，その**回転** $\mathrm{rot}\,\boldsymbol{A}$ は，$\mathrm{rot}\,\boldsymbol{A} = \left(\dfrac{\partial A_z}{\partial y} - \dfrac{\partial A_y}{\partial z}, \dfrac{\partial A_x}{\partial z} - \dfrac{\partial A_z}{\partial x}, \dfrac{\partial A_y}{\partial x} - \dfrac{\partial A_x}{\partial y} \right)$ と定義される．

9) 例えば，理系の数学シリーズ『物理数学』p.92 参照.

10) スカラー $\Phi(x, y, z)$ に対して，その**勾配** $\mathrm{grad}\,\Phi$ は，$\mathrm{grad}\,\Phi = \left(\dfrac{\partial \Phi}{\partial x}, \dfrac{\partial \Phi}{\partial y}, \dfrac{\partial \Phi}{\partial z} \right)$ と定義される.

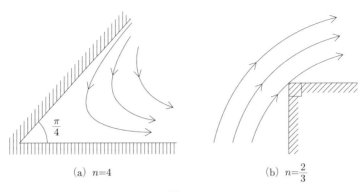

(a) $n=4$ (b) $n=\dfrac{2}{3}$

図 2.4

$$\frac{\partial \Phi}{\partial x} = \frac{\partial \Psi}{\partial y}, \ \frac{\partial \Phi}{\partial y} = -\frac{\partial \Psi}{\partial x},$$

となる. これは, コーシー・リーマンの関係式となっている. したがって, 2 次元非圧縮性渦なし流の速度ポテンシャルを Φ, 流れ関数を Ψ とし, $z = x + iy$, $f(z) = \Phi + i\Psi$ とおくと, $f(z)$ は z の正則関数となる. このとき, $|\boldsymbol{v}| = |f'(z)|$ となる. $f(z)$ を**複素速度ポテンシャル**とよぶ.

一般に, C を閉曲線とするとき,

$$\Gamma = \int_C (\boldsymbol{v} \cdot d\boldsymbol{r}) \tag{2.7}$$

は, 閉曲線 C に沿った流体の流れの量を表し, **循環**とよばれる. 2 次元流の場合には,

$$\Gamma = \int_C (U dx + V dy) = \int_C d\Phi = （一周する時の \Phi の変化量） \tag{2.8}$$

となる. 循環は通常, 反時計回りに回るときを正とする.

例 3

$$f(z) = cz^n, \ c > 0, \ n：正の実数$$

で表される流体を考えよう. $z = re^{i\theta}$ とすると

$$\Phi = cr^n \cos(n\theta), \ \Psi = cr^n \sin(n\theta), \ v = |\boldsymbol{v}| = |f'(z)| = cnr^{n-1}$$

となる. 零流線は $\sin(n\theta) = 0$ である. つまり,

$$\theta = k\frac{\pi}{n},\ k = 0, \pm 1, \pm 2, \cdots.$$

k と $k+1$ のときの零流線の角度は $\frac{\pi}{n}$ である. したがって, これは角を曲がる流れを表す[11] (図 2.4 参照).

例 4

$$f(z) = m\log z,\ m: 実数$$

の場合を考えると,

$$\Phi = m\log r,\ \Psi = m\theta$$

となる. ここで動径方向の速度は $v_r = \frac{\partial \Phi}{\partial r} = \frac{m}{r}$, θ 方向の速度は $v_\theta = \frac{1}{r}\frac{\partial \Phi}{\partial \theta} = 0$ である. 流線は, $m\theta = $ 一定 なので, 原点を通る直線群である. 原点を中心として反時計まわりに一周する閉曲線を C とする. C を通って流出する流量 Q は,

$$Q = \int_c d\Psi = 2\pi m$$

であるから,

$m > 0$ のとき, 原点から流体が湧き出している (**湧き出し**という),

$m < 0$ のとき, 原点に流体が吸い込まれている (**吸い込み**という).

例 5

$$f(z) = i\kappa\log z,\ \kappa: 実数.$$
$$\Phi = -\kappa\theta,\ \Psi = \kappa\log r,$$
$$v_r = 0,\ v_\theta = -\frac{\kappa}{r}.$$

流線は, $\kappa\log r = $ 一定 であるから, 原点を中心とする同心円. 原点を反時計回りに一周する閉曲線を C とすると, C を一周するときの循環量 Γ は,

$$\Gamma = \int_C d\Phi = -2\pi\kappa$$

となる. この流れは, 円柱のまわりの循環流と考えることができる.

---

11) 境界で流体が法線方向の速度を持たない (接線方向の速度はあってもいい) という条件を満たす解.

第 3 章

関数のいろいろな表現

3.1 有理型関数の部分分数展開

特異点がすべて孤立特異点で極となっているような関数を有理型関数という[1]. 有理関数

$$f(z) = \frac{a_0 + a_1 z + a_2 z^2 + \cdots + a_n z^n}{b_0 + b_1 z + b_2 z^2 + \cdots + b_m z^m} \tag{3.1}$$

が有理型関数であることはいうまでもないが,

$$f(z) = \tan z = \frac{\sin z}{\cos z} \tag{3.2}$$

も, $z_n = (n + \frac{1}{2})\pi \ (n = 0, \pm 1, \pm 2, \cdots)$ に 1 位の極を持つ有理型関数であり, $z = z_n$ における留数は -1 である.

さて, 有理型関数 $f(z)$ を部分分数で表現してみよう. 特に $f(z)$ が a_1, a_2, $\cdots$, a_n, $\cdots$ における 1 位の極だけを特異点としてもち, その留数が A_1, A_2, $\cdots$, A_n, $\cdots$ の場合を考える. なお, 便宜上 $|a_1| \leq |a_2| \leq \cdots \leq |a_k| \leq \cdots$ とする. また, 原点を中心として, これらのどの極も通らないように半径 R_m の円 C_m を描き, $m \to \infty$ で $R_m \to \infty$ とする. ただし, $f(z)$ はこの円周上で有界であり, また $z = 0$ で $f(z)$ は正則であるとする.

---

1) 1.13 節参照.

まず，関数 $f(z)/(t-z)$ の以下の積分を行う.

$$I = \frac{1}{2\pi i} \oint_{C_m} \frac{f(t)}{t-z} dt \tag{3.3}$$

すると，留数定理より，

$$I = f(z) + \sum \frac{A_n}{a_n - z} \tag{3.4}$$

と計算される．ここで $\sum$ は C_m 内にある $f(z)$ のすべての極についての和を表す．一方,

$$\frac{1}{t-z} = \frac{1}{t} + \frac{z}{t(t-z)} \tag{3.5}$$

となることを用いると,

$$I = \frac{1}{2\pi i} \oint_{C_m} \frac{f(t)}{t} dt + \frac{z}{2\pi i} \oint_{C_m} \frac{f(t)}{t(t-z)} dt \tag{3.6}$$

となるが，第一項は,

$$\frac{1}{2\pi i} \oint_{C_m} \frac{f(t)}{t} dt = f(0) + \sum \frac{A_n}{a_n} \tag{3.7}$$

と計算される．一方，第2項は C_m 上で $f(z)$ が有界であることを用いると，m が十分に大きい場合には $O(R_m^{-1})$ となり，$m \to \infty$ でゼロとなる．その結果，以下のような部分分数展開が得られる.

$$f(z) = f(0) + \sum_{n=1}^{\infty} A_n \left\{ \frac{1}{z-a_n} + \frac{1}{a_n} \right\} \tag{3.8}$$

例1 前に述べたように，$f(z) = \tan z$ は $z = (n+\frac{1}{2})\pi$ に一位の極を持ち，その留数は -1 である．また，$f(0) = 0$ である．したがって,

$$\begin{aligned} \tan z &= -\sum_{n=-\infty}^{\infty} \left\{ \frac{1}{z-(n+1/2)\pi} + \frac{1}{(n+1/2)\pi} \right\} \\ &= -\sum_{n=1}^{\infty} \frac{2z}{z^2 - \{(n-1/2)\pi\}^2} \end{aligned} \tag{3.9}$$

例2 $f(z) = \cot z - \frac{1}{z}$ は，$z = n\pi$ $(n = 0, \pm 1, \pm 2, \cdots)$ に特異点をもつ．ただし，$z = 0$ は除去可能な特異点であり，$f(0) = 0$ となる．その他の特異点は一位の極であり，留数は 1 である．したがって

$$\cot z = \frac{1}{z} + \sum_{n=-\infty}^{\infty}{}' \left(\frac{1}{z - n\pi} + \frac{1}{n\pi} \right)$$

$$= \frac{1}{z} + \sum_{n=1}^{\infty} \frac{2z}{z^2 - (n\pi)^2} \tag{3.10}$$

となる．ただし，$\sum'$ は $n = 0$ の項を除いた和を表す．

3.2　整関数の無限乗積表示

無限遠を除く全ての領域で正則な関数を整関数という[2]．先に求めた部分分数表示を用いて，整関数を無限乗積で表すことを考えよう．

今，整関数 $f(z)$ が一位の零点 $a_1, a_2, \cdots, a_n, \cdots$ を持っているものとする．まず，整関数 $f(z)$ を $z = a_n$ のまわりでテイラー展開しよう．

$$f(z) = (z - a_n)f'(a_n) + \frac{(z - a_n)^2}{2!}f''(a_n) + \cdots \tag{3.11}$$

この時，$f'(z)$ は以下のように表される．

$$f'(z) = f'(a_n) + (z - a_n)f''(a_n) + \cdots \tag{3.12}$$

これらの結果から，$z = a_n$ は関数 $\frac{f'(z)}{f(z)}$ の一位の極であり，留数は1であることが分かる．

$z = 0$ が $f(z)$ の零点でないこと，また十分遠方で $\frac{f'(z)}{f(z)}$ が有界であることを仮定すると，$\frac{f'(z)}{f(z)}$ に式 (3.8) を適用することができる．

$$\frac{f'(z)}{f(z)} = \frac{f'(0)}{f(0)} + \sum_{n=1}^{\infty} \left\{ \frac{1}{z - a_n} + \frac{1}{a_n} \right\} \tag{3.13}$$

上記の関数を積分すると，

$$f(z) = f(0)e^{\{f'(0)/f(0)\}z} \prod_{n=1}^{\infty} e^{z/a_n} \left(1 - \frac{z}{a_n} \right) \tag{3.14}$$

が得られる．

例3 $f(z) = \frac{\sin z}{z}$ は，$f(0) = 1$ および $f'(0) = 0$ を満たす．また，$z = n\pi$

$(n = \pm 1, \pm 2, \cdots)$ は $f(z)$ の一位の零点となっている．したがって，

$$\frac{\sin z}{z} = \prod_{n=-\infty}^{\infty}{}' \left(1 - \frac{z}{n\pi}\right) e^{z/(n\pi)}$$

$$= \prod_{n=1}^{\infty} \left\{1 - \frac{z^2}{(n\pi)^2}\right\} \tag{3.15}$$

ただし，$\prod'$ は $n = 0$ の項を除いた積を表す．なお，式 (3.15) で $z \to iz$ とすると

$$\frac{\sinh z}{z} = \prod_{n=1}^{\infty} \left\{1 + \frac{z^2}{(n\pi)^2}\right\} \tag{3.16}$$

が得られる．

第4章
ガンマ関数および関連した関数

4.1　ガンマ関数

ガンマ関数 $\Gamma(z)$ の定義には，大まかに3種類ある．一つ目は定積分による定義，二つ目は複素積分による定義，三つ目は無限乗積による定義である．

第一の定義は，以下の積分で与えられる．

$$\Gamma(z) \equiv \int_0^\infty e^{-t} t^{z-1} dt \tag{4.1}$$

この定義は以下の積分と等価である．

$$\Gamma(z) = 2 \int_0^\infty e^{-s^2} s^{2z-1} ds \tag{4.2}$$

$$\Gamma(z) = \int_0^1 (-\log s)^{z-1} ds \tag{4.3}$$

ここで，(4.2) は $t = s^2$，(4.3) は $t = -\log s$ と変数変換することによって得られる．これらの積分は $\mathrm{Re}\, z > 0$ の場合に収束し，$\mathrm{Re}\, z \leq 0$ の場合は発散する．式 (4.1) の右辺の微分で定義された関数も $\mathrm{Re}\, z > 0$ の場合に収束することから，式 (4.1) で定義されたガンマ関数は，$\mathrm{Re}\, z > 0$ で正則である．一方，$\mathrm{Re}\, z \leq 0$ の領域へは，解析接続によって定義される[1]．式 (4.1) の右辺は，部

---

1)　1.14 節参照.

分積分によって以下のように計算される.

$$\int_0^\infty e^{-t}t^{z-1}dt = \left[\frac{1}{z}e^{-t}t^z\right]_0^\infty + \frac{1}{z}\int_0^\infty e^{-t}t^z dt \tag{4.4}$$

$\mathrm{Re}\,z > 0$ の場合,右辺第一項はゼロとなり,

$$\Gamma(z) = \frac{\Gamma(z+1)}{z} \tag{4.5}$$

が得られる.ここで,右辺の $\Gamma(z+1)$ は式 (4.1) で定義されているため,右辺の関数は $z = 0$ を除く $\mathrm{Re}\,z > -1$ で正則である.また,明らかに,$\mathrm{Re}\,z > 0$ では,左辺と右辺は一致している.このことから,右辺によってガンマ関数 $\Gamma(z)$ は $\mathrm{Re}\,z > -1$ へ解析接続される.同様の手順を繰り返すと,

$$\Gamma(z) = \frac{\Gamma(z+n+1)}{z(z+1)(z+2)\cdots(z+n)} \tag{4.6}$$

が得られ,右辺によって $\Gamma(z)$ は $\mathrm{Re}\,z > -(n+1)$ へ解析接続される.n は任意に大きくとれるから,結局全平面へ解析接続される.以下では,特に断らない限り $\Gamma(z)$ はこのように定義されたものとする.図 4.1 に,実軸上での $\Gamma(x)$ とその逆数 $\frac{1}{\Gamma(x)}$ を示す.$\Gamma(z)$ は,$z = 0, -1, -2, \cdots$ に一位の極をもち,$z = -n$ の留数は

$$\lim_{z\to -n}(z+n)\Gamma(z) = \frac{\Gamma(1)}{(-n)(-n+1)\cdots(-1)} = \frac{(-1)^n}{n!} \tag{4.7}$$

となる.ここで,$\Gamma(1) = 1$ を用いた.

式 (4.5) を用いると,n が自然数の時

$$\Gamma(n+1) = n\Gamma(n) = n!\Gamma(1) = n! \tag{4.8}$$

となる.この式は,スターリングの公式を導く際に用いられる.一方,式 (4.2) と式 (4.5) を用いると,

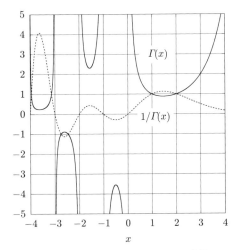

図 **4.1**: 実軸上での $\Gamma(x)$ と $1/\Gamma(x)$ の振舞い.

$$\Gamma\left(\frac{1}{2}\right) = \sqrt{\pi} \tag{4.9}$$

$$\Gamma\left(n + \frac{1}{2}\right) = \left(n - \frac{1}{2}\right)\left(n - \frac{3}{2}\right)\cdots\frac{1}{2}\Gamma\left(\frac{1}{2}\right) = \frac{(2n)!}{4^n n!}\sqrt{\pi} \tag{4.10}$$

$$\Gamma\left(-n + \frac{1}{2}\right) = \frac{1}{\left(-n + \frac{1}{2}\right)\left(-n + \frac{3}{2}\right)\cdots\left(-\frac{1}{2}\right)}\Gamma\left(\frac{1}{2}\right) = \frac{(-4)^n n!}{(2n)!}\sqrt{\pi} \tag{4.11}$$

となる.

つぎに,複素積分によってガンマ関数を定義する.まず,z の実部を正でかつ整数でないとして,以下の積分を考えよう.

$$G(z) = \int_L e^{-t}(-t)^{z-1}dt \tag{4.12}$$

ここで,積分経路 L は,図 4.2 によって定義されている.なお,$(-t)^{z-1}$ は t の多価関数であるが,

$$(-t)^{z-1} = e^{(z-1)\log(-t)} \tag{4.13}$$

$$-\pi < \arg(-t) \leq \pi \tag{4.14}$$

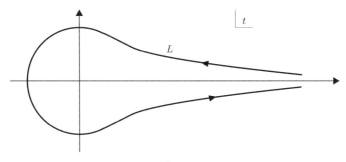

図 4.2

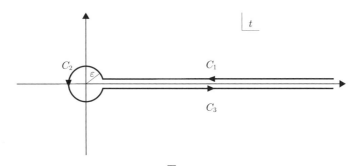

図 4.3

と分枝を決めることによって，一価関数となる．その結果，被積分関数は z の一価正則関数で，かつ積分は一様収束するため，$G(z)$ は一価の正則関数である．

この積分の経路を図 4.3 の $C = C_1 + C_2 + C_3$ に変形しよう．経路 C_1 では $\arg(-t) = -\pi$ なので

$$(-t)^{z-1} = e^{(z-1)(\log t - i\pi)} = e^{-i\pi(z-1)}t^{z-1} \tag{4.15}$$

となり，一方経路 C_3 では $\arg(-t) = \pi$ なので

$$(-t)^{z-1} = e^{(z-1)(\log t + i\pi)} = e^{i\pi(z-1)}t^{z-1} \tag{4.16}$$

となる．また，経路 C_2 で $-t = \varepsilon e^{i\theta}$ と置くと，$G(z)$ は

$$G(z) = \int_{\infty}^{\varepsilon} e^{-i\pi(z-1)} t^{z-1} e^{-t} dt + \int_{\varepsilon}^{\infty} e^{i\pi(z-1)} t^{z-1} e^{-t} dt$$

$$-i \int_{-\pi}^{\pi} \varepsilon e^{i\theta} (\varepsilon e^{i\theta})^{z-1} e^{\varepsilon(\cos\theta + i\sin\theta)} d\theta$$

$$= -2i \sin\pi z \int_{\varepsilon}^{\infty} t^{z-1} e^{-t} dt - i\varepsilon^{z} \int_{-\pi}^{\pi} e^{iz\theta} e^{\varepsilon(\cos\theta + i\sin\theta)} d\theta \qquad (4.17)$$

ここで，$\varepsilon \to 0$ の極限をとると，$\mathrm{Re}\, z > 0$ では第2項はゼロとなり，

$$G(z) = -2i \sin\pi z \int_{0}^{\infty} t^{z-1} e^{-t} dt \qquad (4.18)$$

$$\Leftrightarrow \Gamma(z) = -\frac{1}{2i \sin\pi z} \int_{L} e^{-t} (-t)^{z-1} dt \qquad (4.19)$$

という関係式が得られる．この関係式は $\mathrm{Re}\, z > 0$ という条件のもとで導出された．しかしながら，経路 L は $t = 0$ を通らないので，この条件を課さなくても右辺は一価の正則関数ある．したがって，解析接続によって z が整数の点を除く全平面で式 (4.19) は成立する．$\Gamma(z)$ のこの表示をハンケル表示と呼ぶ．

最後に無限乗積によって $\Gamma(z)$ を定義する．まず，

$$\Pi(z, n) = \int_{0}^{n} \left(1 - \frac{t}{n}\right)^{n} t^{z-1} dt$$

$$= n^{z} \int_{0}^{1} (1-x)^{n} x^{z-1} dx \qquad (4.20)$$

を定義する．ここで，n は正の整数であり，$\mathrm{Re}\, z > 0$ である．この時，部分積分を繰り返すことによって

$$\Pi(z,n) = n^z \left\{ \frac{1}{z} \left[(1-x)^n x^z \right]_0^1 + \frac{n}{z} \int_0^1 (1-x)^{n-1} x^z dx \right\}$$

$$= n^z \frac{n}{z} \int_0^1 (1-x)^{n-1} x^z dx$$

$$= n^z \frac{n}{z} \frac{n-1}{z+1} \int_0^1 (1-x)^{n-2} x^{z+1} dx$$

$$= \cdots\cdots$$

$$= n^z \frac{n}{z} \frac{n-1}{z+1} \cdots \frac{1}{z+n-1} \int_0^1 x^{z+n-1} dx$$

$$= \frac{n^z n!}{z(z+1)\cdots(z+n)} \tag{4.21}$$

が得られる．それゆえ，

$$\Gamma(z) = \lim_{n\to\infty} \Pi(z,n) = \lim_{n\to\infty} \frac{n^z n!}{z(z+1)\cdots(z+n)} \tag{4.22}$$

なお，この式は

$$n^z = \left(\frac{n}{n+1} \right)^z \left\{ \left(1+\frac{1}{n}\right) \left(1+\frac{1}{n-1}\right) \cdots \left(1+\frac{1}{1}\right) \right\}^z$$

$$= \left(\frac{n}{n+1} \right)^z \prod_{k=1}^n \left(1+\frac{1}{k}\right)^z \tag{4.23}$$

を用いると

$$\Gamma(z) = \frac{1}{z} \prod_{k=1}^\infty \left(1+\frac{1}{k}\right)^z \frac{1}{1+z/k} \tag{4.24}$$

と書かれる．この表現をオイラーの公式という．また，式 (4.22) より

$$\frac{1}{\Gamma(z)} = z \lim_{n\to\infty} \left[\prod_{k=1}^n \left(1+\frac{z}{k}\right) \right] n^{-z}$$

$$= z \lim_{n\to\infty} \left[\prod_{k=1}^n \left(1+\frac{z}{k}\right) \right] e^{(-\log n)z} \tag{4.25}$$

が得られるが，右辺の分母と分子に

$$\prod_{k=1}^n e^{z/k} = e^{z \sum_{k=1}^n 1/k} = e^{z(1+1/2+\cdots+1/n)} \tag{4.26}$$

を掛けると,

$$\frac{1}{\Gamma(z)} = ze^{\gamma z} \prod_{k=1}^{\infty} \left(1 + \frac{z}{k}\right) e^{-z/k} \tag{4.27}$$

が得られる. ここで

$$\gamma = \lim_{n \to \infty} \left\{ \sum_{k=1}^{n} \frac{1}{k} - \log n \right\} = 0.5772 \cdots \tag{4.28}$$

はオイラー定数である. 式 (4.27) は $\Gamma(z)$ のワイエルシュトラスの表示と呼ばれ, この式より $\Gamma(z)$ が零点をもたないことが分かる.

式 (4.27) の表現と (3.15) を用いると

$$\begin{aligned}\frac{1}{\Gamma(z)\Gamma(-z)} &= -z^2 \prod_{k=1}^{\infty} \left(1 - \frac{z^2}{k^2}\right) \\ &= -\frac{z}{\pi} \sin \pi z \end{aligned} \tag{4.29}$$

が得られるが, さらに $\Gamma(1-z) = -z\Gamma(-z)$ を用いると

$$\Gamma(z)\Gamma(1-z) = \frac{\pi}{\sin \pi z} \tag{4.30}$$

という公式が得られる. また, (4.19) より

$$\frac{1}{\Gamma(z)} = \frac{\sin \pi z}{\pi} \Gamma(1-z) = \frac{i}{2\pi} \int_L e^{-t}(-t)^{-z} dt \tag{4.31}$$

が得られる.

4.2 漸近展開

この節では, ガンマ関数の引数 z を正の実数 x とし, x が十分大きい場合の $\Gamma(x+1)$ の近似式を求める.

ガンマ関数の第一の定義 (4.1) において, $z = x+1$ とし, $t = x\tau$ と変数変換を行うと

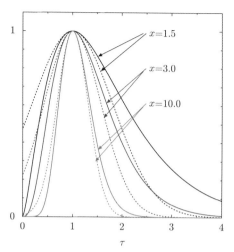

図 4.4: $x = 1.5, 3.0, 10.0$ における $F(x, \tau)/F(x, 1)$ （実線）と，その近似 $e^{-x(\tau-1)^2/2}$ （点線）．ここで $F(x, \tau) = e^{-x(\tau-\log\tau)}$ は式 (4.32) の被積分関数である．

$$\Gamma(x+1) = \int_0^\infty e^{-t} t^x dt = \int_0^\infty e^{-t+x\log t} dt$$
$$= x^{x+1} \int_0^\infty e^{-x(\tau-\log\tau)} d\tau \tag{4.32}$$

となる．$f(\tau) = \tau - \log\tau$ は，$\tau = 1$ に極小値をもつ下に凸の関数である．そのため，被積分関数は $\tau = 1$ で最大値を持ち，x が十分に大きい場合には $\tau = 1$ から外れると急激に小さくなる．その場合には，$f(\tau)$ についてテイラー展開を行い，

$$f(\tau) \simeq 1 + \frac{1}{2}(\tau - 1)^2 \tag{4.33}$$

と近似してよい（図 4.4 参照）．

この式を式 (4.32) に代入し，積分を実行すると

$$\Gamma(x+1) \simeq x^{x+1} \int_0^\infty e^{-x\left\{1+(\tau-1)^2/2\right\}} d\tau$$

$$\simeq x^{x+1} e^{-x} \int_{-\infty}^\infty e^{-x(\tau-1)^2/2} d\tau$$

$$= \sqrt{2\pi} x^{x+1/2} e^{-x} \tag{4.34}$$

が得られる. ここで, 2 行目では積分の下限を $-\infty$ に変更した. このような手続きは, x が十分に大きい場合, 積分への寄与が $\tau = 1$ 近傍に限られることから正当化される. 特に $x = N$ (整数) の場合, $\Gamma(N+1) = N!$ であるから,

$$\log N! \simeq N \log N - N + \frac{1}{2} \log(2\pi N) \tag{4.35}$$

が得られる. この近似式をスターリングの公式といい, しばしば統計力学で用いられる.

さらに詳しい計算を進めると,

$$\Gamma(x+1) \simeq \sqrt{2\pi} x^{x+1/2} e^{-x} \left(1 + \frac{1}{12x} + \frac{1}{288x^2} - \frac{139}{51840x^3} + \cdots \right) \tag{4.36}$$

$$\log \Gamma(x+1) \simeq x \log x - x + \frac{1}{2} \log 2\pi x + \frac{1}{12x} - \frac{1}{360x^3} + \cdots \tag{4.37}$$

となる[2]. $\log \Gamma(x+1)$ と, その近似式

$$A_0(x) = x \log x - x + \frac{1}{2} \log 2\pi x,$$

$$A_1(x) = A_0(x) + \frac{1}{12x},$$

$$A_2(x) = A_1(x) - \frac{1}{360x^3}$$

との相対誤差

$$\varepsilon_n = \frac{|\log \Gamma(x+1) - A_n(x)|}{\log \Gamma(x+1)}$$

を図 4.5 に示す. $N \sim 10^{23}$ という膨大な大きさの数に対して, スターリング

---

[2] 例えば, 福山秀敏・小形正男, 『物理数学 I』, 朝倉書店, 2003.

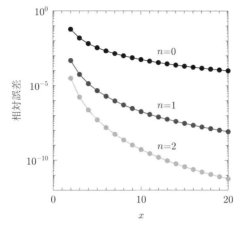

図 **4.5**: 近似式 $A_n (n = 0,\ 1,\ 2)$ と $\log \Gamma(x + 1)$ の相対誤差.

の公式はほぼ厳密な値を与える.

　正の定数 x について，ガンマ関数 $\Gamma(x + 1)$ の展開は以下の式で与えられることが知られている[3].

$$\log \Gamma(x + 1) \sim \left(x + \frac{1}{2}\right) \log x - x + \frac{1}{2} \log 2\pi + S_N(x) + O(x^{-(2N+1)}),$$
(4.38)

$$S_N(x) = \sum_{m=1}^{N} \frac{B_{2m}}{2m(2m - 1)} \frac{1}{x^{2m-1}}.$$
(4.39)

ここで，B_{2m} はベルヌーイ数，

$$B_2 = \frac{1}{6}, \quad B_4 = -\frac{1}{30}, \quad B_6 = \frac{1}{42}, \quad B_8 = -\frac{1}{30}, \quad B_{10} = \frac{5}{66},$$

$$B_{12} = -\frac{691}{2730}, \quad B_{14} = \frac{7}{6}, \quad B_{16} = -\frac{3617}{510}, \quad B_{18} = \frac{43867}{798},$$

$$B_{20} = -\frac{174611}{330}, \quad \cdots$$

---

3) 例えば，M. Abramowitz and I. A. Stegun, "*Handbook of Mathematical Functions with Formulas, Graphs, and Mathematical Tables*", Dover Pub., 1965.

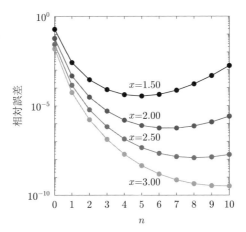

図 **4.6**: $x = 1.5, 2.0, 2.5, 3.0$ の場合の $A_n(x)$ と $\log\Gamma(x+1)$ の
相対誤差.

である．右辺の級数は収束しない．すなわち，$\lim_{N\to\infty} S_N(x)$ は x が有限である
限り，いくらでも大きくなってしまう．このような展開のことを漸近展開と
いう．図 4.6 に，$x =$1.5, 2.0, 2.5, 3.0 の場合の $A_n(x) = A_0(x) + S_n(x)$ と
$\log\Gamma(x+1)$ との相対誤差を示す．x を固定した場合には，級数の項の数を増
やすと最初は近似が良くなるが，ある（x に依存した）最適の項の数を超える
と近似の精度が悪くなる．

　なお，式 (4.5) から得られる等式 $\Gamma(x+1) = x\Gamma(x)$ に対して，両辺の漸近
展開（式 (4.38) と (4.39)）の各項の係数を比較することにより，ベルヌーイ
数に関する以下の関係式を導くことができる．

$$\sum_{m=1}^{[(n+1)/2]} B_{2m}\frac{(n+2)!}{(n+2-2m)!(2m)!} = \sum_{m=1}^{[(n+1)/2]} B_{2m}\,_{n+2}\mathrm{C}_{2m} = \frac{n}{2}$$

ここで，$[(n+1)/2]$ は $(n+1)/2$ を超えない最大の整数である．

4.3　ベータ関数

ベータ関数 $B(p,q)$ は以下のように定義される.

$$B(p,q) = \int_0^1 t^{p-1}(1-t)^{q-1}dt \tag{4.40}$$

ここで, $s = 1 - t$ と変数変換すればすぐ分かるように

$$B(p,q) = B(q,p) \tag{4.41}$$

が成立する. なお, 上の積分が収束するために, $\mathrm{Re}\,p > 0, \mathrm{Re}\,q > 0$ という条件が必要である. また, 式 (4.40) は $t = \sin^2\theta$ と変数変換すると,

$$B(p,q) = 2\int_0^{\pi/2} \sin^{2p-1}\theta \cos^{2q-1}\theta d\theta \tag{4.42}$$

と書き表すことができる.

$B(p,q)$ を各変数について全平面に解析接続するために, 以下の式を考察する. 式 (4.2) を用いると,

$$\Gamma(p)\Gamma(q) = 4\int_0^\infty e^{-u^2}u^{2p-1}du \int_0^\infty e^{-v^2}v^{2q-1}dv \tag{4.43}$$

となるが, この2変数の積分を極座標へ変換 ($u = r\cos\theta,\ v = r\sin\theta$) すると,

$$\Gamma(p)\Gamma(q) = 4\int_0^\infty e^{-r^2}r^{2(p+q)-1}dr \int_0^{\pi/2} \cos^{2p-1}\theta \sin^{2q-1}\theta d\theta$$
$$= \Gamma(p+q)B(p,q) \tag{4.44}$$

が得られる. したがって, $\mathrm{Re}\,p > 0, \mathrm{Re}\,q > 0$ の場合には

$$B(p,q) = \frac{\Gamma(p)\Gamma(q)}{\Gamma(p+q)} \tag{4.45}$$

が成り立つ. 両辺は各変数について解析関数であるから, 右辺を各変数について解析接続すれば, 上式によって $B(p,q)$ の解析接続が得られる.

また, $B(p,q)$ は以下のような複素積分（ポッホハンマーの積分表示）によ

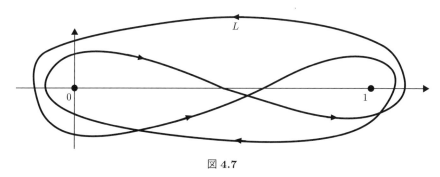

図 4.7

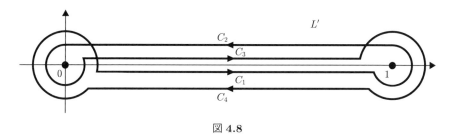

図 4.8

っても解析接続される.

$$B(p,q) = \frac{1}{(1 - e^{i2\pi p})(1 - e^{i2\pi q})} \int_L z^{p-1}(1-z)^{q-1} dz \qquad (4.46)$$

ここで, 積分経路 L は図 4.7 によって定義されたたすきがけの経路である.

　この経路は, $z = 0$ と $z = 1$ の周りをそれぞれ回り, その間がつながれた経路 L' (図 4.8) へ変形される. Re $p > 0$ および Re $q > 0$ の場合, これらの点をまわる積分はその半径をゼロに近づけるとゼロになる. したがって, 積分は $z = 0$ と $z = 1$ をつなぐ 4 つの経路の積分の和となる. 今, 経路 C_1 で, $\arg(z) = 0$, $\arg(1 - z) = 0$ となる分枝をとることにする. すると, 各々の経路で被積分関数は以下のようになる.

$$C_1 : t^{p-1}(1-t)^{q-1}$$
$$C_2 : t^{p-1}(1-t)^{q-1}e^{i2\pi(q-1)}$$
$$C_3 : t^{p-1}(1-t)^{q-1}e^{i2\pi(q+p-2)}$$
$$C_4 : t^{p-1}(1-t)^{q-1}e^{i2\pi(p-1)}$$

ここで，t は $0 < t < 1$ を満たす実数である．すると，

$$\int_L z^{p-1}(1-z)^{q-1}dz$$
$$= (1 - e^{i2\pi(q-1)} + e^{i2\pi(q+p-2)} - e^{i2\pi(p-1)}) \int_0^1 t^{p-1}(1-t)^{q-1}dt$$
$$= (1 - e^{i2\pi p})(1 - e^{i2\pi q})B(p,q) \tag{4.47}$$

となり，(4.46) が得られる．

L 上に特異点はなく，L の長さは有限であるため，式 (4.46) の積分は任意の p と q で収束する．したがって，式 (4.46) は (4.40) の解析接続となっている．

4.4　ディガンマ関数

ディガンマ関数 $\psi(z)$ はガンマ関数 $\Gamma(z)$ から以下のように定義される．

$$\psi(z) = \frac{1}{\Gamma(z)}\frac{d\Gamma(z)}{dz} = \frac{d}{dz}\log\Gamma(z) \tag{4.48}$$

$\Gamma(z+1) = z\Gamma(z)$ を用いると，$\psi(z)$ の漸化式は以下のように得られる．

$$\psi(z+1) = \psi(z) + \frac{1}{z} \tag{4.49}$$

それでは，$\psi(z)$ の表示を求めてみよう．式 (4.27) の対数をとると

$$\log\Gamma(z) = -\log z - \gamma z + \sum_{k=1}^{\infty}\left\{\frac{z}{k} - \log\left(1 + \frac{z}{k}\right)\right\} \tag{4.50}$$

が得られ，この両辺を z で微分すると，

$$\psi(z) = -\frac{1}{z} - \gamma + \sum_{k=1}^{\infty} \left(\frac{1}{k} - \frac{1}{k+z} \right) \tag{4.51}$$

が得られる. この表示より, $\psi(z)$ は $z = 0, -1, -2, \cdots$ に一位の極を持つ有理型関数であり, 留数は -1 であることが分かる. 特に $z = n$ (n は正の整数) の場合には

$$\psi(n) = \sum_{k=1}^{n-1} \frac{1}{k} - \gamma, \quad (n = 2, 3, 4, \cdots) \tag{4.52}$$

$$\psi(1) = -\gamma, \tag{4.53}$$

が得られる.

次に, $\psi(z)$ の積分表示について考察する. 式 (4.1) を z で微分すると,

$$\frac{d}{dz}\Gamma(z) = \int_0^{\infty} t^{z-1} e^{-t} \log t \, dt \tag{4.54}$$

が得られる. ここで,

$$\frac{1}{t} = \int_0^{\infty} e^{-\lambda t} d\lambda$$

を t について 1 から t まで積分することによって得られる式

$$\log t = \int_0^{\infty} \frac{e^{-\lambda} - e^{-\lambda t}}{\lambda} d\lambda$$

を式 (4.54) に代入し, t についての積分を先に実行すると,

$$\frac{d}{dz}\Gamma(z) = \Gamma(z) \int_0^{\infty} \frac{1}{\lambda} \left(e^{-\lambda} - \frac{1}{(\lambda+1)^z} \right) d\lambda \tag{4.55}$$

となる. その結果, $\mathrm{Re}\, z > 0$ の時, $\psi(z)$ は以下のような積分で表される.

$$\psi(z) = \int_0^{\infty} \frac{1}{t} \left(e^{-t} - \frac{1}{(t+1)^z} \right) dt \tag{4.56}$$

$$= \int_0^{\infty} \left(\frac{e^{-t}}{t} - \frac{e^{-zt}}{1 - e^{-t}} \right) dt \tag{4.57}$$

$$= -\int_0^1 \left(\frac{1}{\log t} + \frac{t^{z-1}}{1-t} \right) dt \tag{4.58}$$

ここで, 2つ目の等号では第2項で $t + 1 \to e^t$ の変換をし, 3つ目の等号では $t \to -\ln t$ とした.

第5章

べき級数法による
2階線形常微分方程式の解法

物理学や工学では，2階線形微分方程式を取り扱うことが多い．その変数は実数であることがほとんどであるが[1]，本章では，変数を複素数に拡張して，

$$\frac{d^2w}{dz^2} + p(z)\frac{dw}{dz} + q(z)w = 0 \tag{5.1}$$

のべき級数による解法を議論する．

5.1 正則点近傍の解

まず，$p(z)$, $q(z)$ が $z = z_0$ で正則であるとする．その時，収束円の内部で，$p(z)$, $q(z)$ は以下のようにべき級数で表せる．

$$p(z) = \sum_{\nu=0}^{\infty} p_\nu(z - z_0)^\nu, \tag{5.2}$$

$$q(z) = \sum_{\nu=0}^{\infty} q_\nu(z - z_0)^\nu. \tag{5.3}$$

$z = z_0$ で解 w が正則であるとすると，

$$w = \sum_{\nu=0}^{\infty} a_\nu(z - z_0)^\nu \tag{5.4}$$

と表すことができる．この時，

---

1) 例えば，ニュートンの運動方程式では時刻が変数であり，定常状態のシュレディンガー方程式の変数は空間座標である．

$$\frac{dw}{dz} = \sum_{\nu=0}^{\infty} \nu a_\nu (z - z_0)^{\nu-1}$$

$$= \sum_{\nu=0}^{\infty} (\nu + 1) a_{\nu+1} (z - z_0)^\nu, \tag{5.5}$$

$$\frac{d^2 w}{dz^2} = \sum_{\nu=0}^{\infty} \nu (\nu - 1) a_\nu (z - z_0)^{\nu-2}$$

$$= \sum_{\nu=0}^{\infty} (\nu + 2)(\nu + 1) a_{\nu+2} (z - z_0)^\nu. \tag{5.6}$$

これらの式を式 (5.1) に代入すると，次の漸化式が得られる．

$$(\nu + 2)(\nu + 1) a_{\nu+2} + \sum_{\mu=0}^{\nu} p_{\nu-\mu} a_{\mu+1}(\mu + 1) + \sum_{\mu=0}^{\nu} q_{\nu-\mu} a_\mu = 0. \tag{5.7}$$

特に，$\nu = 0$ とおくと

$$2a_2 + p_0 a_1 + q_0 a_0 = 0 \tag{5.8}$$

となる．これは，不定定数 a_0 と a_1 を用いて定数 a_2 を与える式である．このようにして得られた a_2 と不定定数 a_0, a_1 を式 (5.7) に代入することによって，a_3 が得られる．このような手順を繰り返すことによって，a_ν $(\nu \geq 2)$ が 2 つの不定定数 a_0, a_1 を用いて表される．

なお，級数 (5.4) の収束半径は，$p(z)$ の収束半径と $p(z)$ の収束半径を比較して小さい方となる．

5.2 特異点近傍の解

次に，$z = a$ で $p(z)$ で高々 1 位の極，$q(z)$ で高々 2 位の極を持っている場合を考える．この時，$p(z), q(z)$ は次のように展開できる．

$$p(z) = \frac{1}{z - a} \sum_{\nu=0}^{\infty} \alpha_\nu (z - a)^\nu, \tag{5.9}$$

$$q(z) = \frac{1}{(z - a)^2} \sum_{\nu=0}^{\infty} \beta_\nu (z - a)^\nu. \tag{5.10}$$

このような場合，$z = a$ を微分方程式 (5.1) の確定特異点であるという．

式 (5.1) の解を以下のようにおくことができる．

$$w = (z-a)^\rho \sum_{\nu=0}^{\infty} a_\nu (z-a)^\nu$$

$$= \sum_{\nu=0}^{\infty} a_\nu (z-a)^{\rho+\nu}. \tag{5.11}$$

ただし，ρ は実数であり，$a_0 \neq 0$ とする．この時，

$$\frac{dw}{dz} = \sum_{\nu=0}^{\infty} (\rho+\nu) a_\nu (z-a)^{\rho+\nu-1}, \tag{5.12}$$

$$\frac{d^2w}{dz^2} = \sum_{\nu=0}^{\infty} (\rho+\nu)(\rho+\nu-1) a_\nu (z-a)^{\rho+\nu-2}, \tag{5.13}$$

$$p(z)\frac{dw}{dz} = \sum_{\nu=0}^{\infty} \sum_{\mu=0}^{\nu} (\rho+\nu-\mu)\alpha_\mu a_{\nu-\mu} (z-a)^{\rho+\nu-2}, \tag{5.14}$$

$$q(z)w = \sum_{\nu=0}^{\infty} \sum_{\mu=0}^{\nu} \beta_\mu a_{\nu-\mu} (z-a)^{\rho+\nu-2}, \tag{5.15}$$

なので，式 (5.1) に代入すると，漸化式

$$(\rho+\nu)(\rho+\nu-1)a_\nu + \sum_{\mu=0}^{\nu} \alpha_\mu(\rho+\nu-\mu)a_{\nu-\mu} + \sum_{\mu=0}^{\nu} \beta_\mu a_{\nu-\mu} = 0 \tag{5.16}$$

が得られる．ここで，上式に $\nu = 0$ を代入し，$a_0 \neq 0$ に注意すると，ρ を決定する式（基本方程式）

$$\rho(\rho-1) + \alpha_0\rho + \beta_0 = 0 \tag{5.17}$$

が得られる．この二次方程式の解を ρ_1, ρ_2（ただし，$\rho_1 \geq \rho_2$）とする．$\rho_1 = \rho_2$ の場合には，式 (5.11) の解は一つしか定まらない．さらに，$\rho_1 = \rho_2 + n$ ($n = 1,2,3,\cdots$) の場合にも，$\rho = \rho_1$ の場合には式 (5.11) の形の解が得られるが，$\rho = \rho_2$ の解はそうではない．それは以下のような理由による．漸化式 (5.16) の a_ν の係数は

$$(\rho+\nu)(\rho+\nu-1) + \alpha_0(\rho+\nu) + \beta_0 \tag{5.18}$$

であり，これが全ての ν でゼロでなければ係数 a_1, a_2, $\cdots$ が得られる．しかしながら，どこかでゼロになれば，係数は決まらない．$\rho_1 = \rho_2 + n(n = 1,2,3,\cdots)$ の時，a_n の係数は $\rho = \rho_2$ を代入すると，

$$(\rho_2 + n)(\rho_2 + n - 1) + \alpha_0(\rho_2 + n) + \beta_0$$
$$= \rho_1(\rho_1 - 1) + \alpha_0\rho_1 + \beta_0$$
$$= 0 \tag{5.19}$$

となってしまい，a_n が定まらず，$\rho = \rho_2$ の場合には式 (5.11) の形の解は得られない．一方，$\rho = \rho_1$ に対しては，式 (5.18) はゼロにならないため，式 (5.11) の形の解が得られる．以下ではその解を w_1 とする．

それでは，$\rho_1 = \rho_2 + n\ (n = 0, 1, 2, \cdots)$ の場合のもう一つの解 w_2 はどうなるのであろうか．まず，$n = 0$ すなわち $\rho_1 = \rho_2$ の場合を考える．この時，

$$\rho(\rho - 1) + \alpha_0\rho + \beta_0 = (\rho - \rho_1)^2 \tag{5.20}$$

を満たす．この場合，基本方程式を解かず ρ を未定にしておいて，漸化式 (5.16) を用いて $a_\nu(\nu \geq 1)$ を ρ と a_0 の関数として求める．それらを使って，

$$w = (z - a)^\rho \sum_{\nu=0}^{\infty} a_\nu(\rho)(z - a)^\nu \tag{5.21}$$

を定義し，微分演算子 $L = \dfrac{d^2}{dz^2} + p(z)\dfrac{d}{dz} + q(z)$ を作用させる．

$$L[w] \equiv \frac{d^2 w}{dz^2} + p(z)\frac{dw}{dz} + q(z)w \tag{5.22}$$

$\nu \geq 1$ では，$a_\nu(\rho)$ が漸化式を満足するため，それらを含む項はゼロとなり，その結果

$$L[w] = \{\rho(\rho - 1) + \alpha_0\rho + \beta_0\}\, a_0(z - a)^{\rho-2}$$
$$= (\rho - \rho_1)^2 a_0(z - a)^{\rho-2} \tag{5.23}$$

が得られる．次に上式を ρ で微分し，z についての微分と ρ についての微分を交換すると

$$L\left[\frac{\partial w}{\partial \rho}\right] = \frac{\partial}{\partial \rho}\left\{(\rho - \rho_1)^2 a_0(z - a)^{\rho-2}\right\} \tag{5.24}$$

が得られ，$\rho = \rho_1$ を代入すると右辺はゼロになる．すなわち，$\rho_1 = \rho_2$ の場合のもう一つの解は

$$w_2 = \left. \frac{\partial w}{\partial \rho} \right|_{\rho=\rho_1}$$

$$= w_1 \log(z-a) + (z-a)^{\rho_1} \sum_{\nu=0}^{\infty} \left. \frac{\partial a_\nu(\rho)}{\partial \rho} \right|_{\rho=\rho_1} (z-a)^\nu \tag{5.25}$$

で与えられる.

次に $\rho_1 = \rho_2 + n$ $(n = 1, 2, \cdots)$ の場合を考える. このとき,

$$\rho(\rho-1) + \alpha_0\rho + \beta_0 = (\rho - \rho_1)(\rho - \rho_2) \tag{5.26}$$

が成立する. 先に述べたように, $\rho = \rho_1$ に対応する解は, 式 (5.11) に $\rho = \rho_1$ を代入することによって得られる. もう一つの解を求めるために, 式 (5.21) によって w を定義し, それに式 (5.22) の L を作用させ, $\rho - \rho_2$ を掛けると,

$$L[(\rho-\rho_2)w] = (\rho-\rho_2)\{\rho(\rho-1) + \alpha_0\rho + \beta_0\} a_0(z-a)^{\rho-2}$$

$$= (\rho-\rho_1)(\rho-\rho_2)^2 a_0(z-a)^{\rho-2} \tag{5.27}$$

が得られる. この式を ρ で微分し, $\rho = \rho_2$ を代入すると, 右辺はゼロになる. すなわち, もう一つの解 w_2 は

$$w_2 = \left. \frac{\partial}{\partial \rho} \{(\rho-\rho_2)w\} \right|_{\rho=\rho_2} \tag{5.28}$$

となる. さらに, w_2 を簡単にしよう. 式 (5.16) の a_n の係数は, 式 (5.18) より

$$(\rho+n)(\rho+n-1) + \alpha_0(\rho+n) + \beta_0$$

$$= (\rho+n-\rho_1)(\rho+n-\rho_2)$$

$$= (\rho-\rho_2)(\rho+n-\rho_2) \tag{5.29}$$

で与えられる. したがって, $\rho = \rho_2$ とおく前に, 式 (5.16) によって $a_\nu(\rho)$ を求めると, $\nu \geq n$ に対しては $a_\nu(\rho) \propto (\rho-\rho_2)^{-1}$ となり, $\lim_{\rho\to\rho_2}(\rho-\rho_2)a_\nu(\rho)$ は確定した値をとる. 一方, $\nu < n$ に対しては, この極限値はゼロとなる. したがって, 第 2 の解は

$$w_2 = (z-a)^{\rho_2} \log(z-a) \sum_{\nu=n}^{\infty} \left. (\rho-\rho_2)a_\nu(\rho)\right|_{\rho=\rho_2} (z-a)^{\nu}$$

$$+ (z-a)^{\rho_2} \sum_{\nu=0}^{\infty} \left. \frac{\partial}{\partial\rho}(\rho-\rho_2)a_\nu(\rho)\right|_{\rho=\rho_2} (z-a)^{\nu} \tag{5.30}$$

となり，第 1 項の級数は $\nu = n$ から始まる．その中で，$\left.(\rho-\rho_2)a_\nu(\rho)\right|_{\rho=\rho_2}$ は以下のように簡単化される．まず，式 (5.16) の両辺に $\rho - \rho_2$ を掛け，係数 a の添字が n よりも小さいものを省き，$\nu = n+\nu'$ $(\nu' \geq 0)$ とする．次に $\rho \to \rho_2$ の極限をとると，

$$(\rho_1+\nu')(\rho_1+\nu'-1)\left.(\rho-\rho_2)a_{n+\nu'}(\rho)\right|_{\rho=\rho_2}$$

$$+ \sum_{\mu=0}^{\nu'}(\rho_1+\nu'-\mu)\left.(\rho-\rho_2)a_{n+\nu'-\mu}(\rho)\right|_{\rho=\rho_2}\alpha_\mu$$

$$+ \sum_{\mu=0}^{\nu'}\left.(\rho-\rho_2)a_{n+\nu'-\mu}(\rho)\right|_{\rho=\rho_2}\beta_\mu = 0 \tag{5.31}$$

となる．この漸化式は，式 (5.16) において $\rho = \rho_1$ を代入し，$a_\nu(\equiv a_\nu(\rho_1))$ を決定する式と同じであるため，

$$\left.(\rho-\rho_2)a_{n+\nu}(\rho)\right|_{\rho=\rho_2} = a_\nu(\rho_1) \times (\text{定数})$$

$$= \frac{\left.(\rho-\rho_2)a_n(\rho)\right|_{\rho=\rho_2}}{a_0}a_\nu(\rho_1) \tag{5.32}$$

と表すことができる．ここで，a_0 $(= a_0(\rho_1))$ は $\rho = \rho_1$ の場合の解 w_1 の初項の係数である．この結果を代入すると

$$w_2 = Aw_1\log(z-a)$$

$$+ (z-a)^{\rho_2}\sum_{\nu=0}^{\infty}\left.\frac{\partial}{\partial\rho}(\rho-\rho_2)a_\nu(\rho)\right|_{\rho=\rho_2}(z-a)^{\nu}. \tag{5.33}$$

ただし，

$$A = \frac{1}{a_0}\lim_{\rho\to\rho_2}(\rho-\rho_2)a_n(\rho) \tag{5.34}$$

となる．

なお，$\rho_1 = \rho_2$ の場合は，$\log(z-a)$ に比例する項はゼロになることはないが，$\rho_1 = \rho_2 + n \ (n = 1, 2, \cdots)$ の場合には $\log(z-a)$ に比例する項が消える場合がありうる．

第6章

ベッセル関数

2次元のヘルムホルツの方程式

$$\left(\frac{\partial^2}{\partial x^2} + \frac{\partial^2}{\partial y^2}\right) f + k^2 f = 0 \tag{6.1}$$

を2次元極座標,$x = r\cos\theta$, $y = r\sin\theta$ を用いて表し,$f = u(r)\mathrm{e}^{\mathrm{i}\lambda\theta}$ とおくと,$u(r)$ に対する方程式は

$$\frac{1}{r}\frac{d}{dr}\left(r\frac{du}{dr}\right) + \left(k^2 - \frac{\lambda^2}{r^2}\right)u = 0 \tag{6.2}$$

で与えられる.ここで,$x = kr$ を導入すると,上の方程式は

$$\frac{d^2u}{dx^2} + \frac{1}{x}\frac{du}{dx} + \left(1 - \frac{\lambda^2}{x^2}\right)u = 0 \tag{6.3}$$

となる.この微分方程式をベッセルの微分方程式という.以下では,この方程式の解を求める.

6.1 ベッセルの微分方程式の解

微分方程式 (6.3) を複素変数 z に拡張した方程式

$$\frac{d^2w}{dz^2} + \frac{1}{z}\frac{dw}{dz} + \left(1 - \frac{\lambda^2}{z^2}\right)w = 0 \tag{6.4}$$

を考察する.ただし,λ は正の実数とする.式 (5.1) と比較すると,

$$p(z) = \frac{1}{z}, \tag{6.5}$$

$$q(z) = 1 - \frac{\lambda^2}{z^2} \tag{6.6}$$

なので，(5.9) および (5.10) より，$\alpha_0 = 1$, $\alpha_1 = \alpha_2 = \cdots = 0$, $\beta_0 = -\lambda^2$, $\beta_2 = 1$, $\beta_1 = \beta_3 = \beta_4 = \cdots = 0$ である．したがって，基本方程式，および漸化式は以下のように得られる．

$$(\rho^2 - \lambda^2)a_0 = 0, \tag{6.7}$$

$$\left\{(\rho+1)^2 - \lambda^2\right\} a_1 = 0, \tag{6.8}$$

$$\left\{(\rho+\nu)^2 - \lambda^2\right\} a_\nu = -a_{\nu-2} \ (\nu \geq 2). \tag{6.9}$$

まず，基本方程式 (6.7) より，

$$\rho = \pm\lambda \tag{6.10}$$

が得られる．したがって，5.2 節の考察より，2λ が整数でない場合は

$$w_1 = z^\lambda \sum_{\nu=0}^{\infty} a_\nu(\lambda)z^\nu, \tag{6.11}$$

$$w_2 = z^{-\lambda} \sum_{\nu=0}^{\infty} a_\nu(-\lambda)z^\nu \tag{6.12}$$

が解となっている．このとき，係数は

$$a_1 = a_3 = a_5 = \cdots = 0, \tag{6.13}$$

$$a_{2\mu}(\rho) = \frac{-1}{(\rho+2\mu)^2 - \lambda^2}a_{2(\mu-1)}(\rho)$$
$$= \frac{(-1)^\mu}{((\rho+2\mu)^2 - \lambda^2)((\rho+2(\mu-1))^2 - \lambda^2)\cdots((\rho+2)^2 - \lambda^2)}a_0 \tag{6.14}$$

によって与えられるが，$\rho = \pm\lambda$ に対して

$$a_0 = \frac{1}{2^{\pm\lambda}\Gamma(\pm\lambda+1)} \tag{6.15}$$

と定義すると，

$$a_{2\mu}(\pm\lambda) = \frac{(-1)^{\mu}}{2^{\pm\lambda+2\mu}\mu!\Gamma(\pm\lambda+\mu+1)} \tag{6.16}$$

となる．ここで，$z\Gamma(z) = \Gamma(z+1)$ を用いた．したがって，2λ が整数でない場合には，

$$w_1 = J_\lambda(z) = \left(\frac{z}{2}\right)^\lambda \sum_{\mu=0}^\infty \frac{(-1)^\mu}{\mu!\Gamma(\lambda+\mu+1)} \left(\frac{z}{2}\right)^{2\mu}, \tag{6.17}$$

$$w_2 = J_{-\lambda}(z) = \left(\frac{z}{2}\right)^{-\lambda} \sum_{\mu=0}^\infty \frac{(-1)^\mu}{\mu!\Gamma(-\lambda+\mu+1)} \left(\frac{z}{2}\right)^{2\mu} \tag{6.18}$$

で与えられる．$J_\lambda(z)$ を λ 次のベッセル関数という．

　次に λ が半整数の場合，すなわち，$\lambda = l + \frac{1}{2}$ ($l = 0, 1, 2, \cdots$) を考える．この時，$\rho_1 = l + \frac{1}{2} = \rho_2 + 2l + 1$ となり，ρ_1 と ρ_2 の差 $n = 2l + 1$ は奇数となる．この時，一つの解 w_1 は式 (6.17) に $\lambda = l + \frac{1}{2}$ を代入したものになるが，もう一つの解は，式 (5.33) および (5.34) で与えられる．しかしながら，w_2 を求めるために，一般の ρ について級数の係数 a_ν ($\nu = 1, 2, \cdots$) を求めると，

$$a_1 = a_3 = a_5 = \cdots = 0, \tag{6.19}$$

$$\begin{aligned}
a_{2\mu}(\rho) &= \frac{(-1)^\mu a_0}{\left\{(\rho+2\mu)^2 - (l+\frac{1}{2})^2\right\} \cdots \left\{(\rho+2)^2 - (l+\frac{1}{2})^2\right\}} \\
&= \frac{(-1)^\mu a_0}{(\rho+2\mu+l+\frac{1}{2})(\rho+2\mu-l-\frac{1}{2}) \cdots (\rho+2+l+\frac{1}{2})(\rho+2-l-\frac{1}{2})}
\end{aligned} \tag{6.20}$$

となり，$a_n = a_{2l+1} = 0$ なので $\log z$ の係数 A はゼロとなる．さらに，

$$\lim_{\rho \to -l-1/2} \frac{\partial}{\partial\rho} \left(\rho + l + \frac{1}{2}\right) a_{2\mu}(\rho) = a_{2\mu}\left(-l - \frac{1}{2}\right) \tag{6.21}$$

より，結局もう一つの解 w_2 は式 (6.18) に $\lambda = l + \frac{1}{2}$ を代入したものになる．すなわち，式 (6.17) および (6.18) は λ が半整数であっても成り立つのである．なお，$l = 0$ の時には

$$J_{1/2}(z) = \left(\frac{z}{2}\right)^{1/2} \sum_{\mu=0}^{\infty} \frac{(-1)^{\mu}}{\mu! \Gamma(\mu+3/2)} \left(\frac{z}{2}\right)^{2\mu} = \sqrt{\frac{2}{\pi z}} \sin z, \qquad (6.22)$$

$$J_{-1/2}(z) = \left(\frac{z}{2}\right)^{-1/2} \sum_{\mu=0}^{\infty} \frac{(-1)^{\mu}}{\mu! \Gamma(\mu+1/2)} \left(\frac{z}{2}\right)^{2\mu} = \sqrt{\frac{2}{\pi z}} \cos z \qquad (6.23)$$

となる. ここで

$$\Gamma\left(\mu+\frac{3}{2}\right) = \left(\mu+\frac{1}{2}\right)\left(\mu-\frac{1}{2}\right)\cdots\frac{1}{2}\Gamma\left(\frac{1}{2}\right) = \frac{(2\mu+1)!!}{2^{\mu+1}}\sqrt{\pi}, \quad (6.24)$$

$$\Gamma\left(\mu+\frac{1}{2}\right) = \left(\mu-\frac{1}{2}\right)\left(\mu-\frac{3}{2}\right)\cdots\frac{1}{2}\Gamma\left(\frac{1}{2}\right) = \frac{(2\mu-1)!!}{2^{\mu}}\sqrt{\pi} \qquad (6.25)$$

を用いた. なお, (6.4) の独立な解として $J_{-\lambda}(z)$ をとる代わりに,

$$N_{\lambda}(z) = \frac{J_{\lambda}(z)\cos\pi\lambda - J_{-\lambda}(z)}{\sin\pi\lambda} \qquad (6.26)$$

をとることもできる. この関数 $N_{\lambda}(z)$ を λ 次のノイマン関数という.

最後に, λ が整数の場合, すなわち, $\lambda = n(= 0,1,2,\cdots)$ を考える. 一つの解は式 (6.17) において $\lambda = n$ を代入することによって得られる.

$$J_n(z) = \left(\frac{z}{2}\right)^n \sum_{\mu=0}^{\infty} \frac{(-1)^{\mu}}{\mu!(n+\mu)!} \left(\frac{z}{2}\right)^{2\mu} \qquad (6.27)$$

一方, $n \geq 1$ に対して式 (6.18) において $\lambda = n$ を代入することによって得られた $J_{-n}(z)$ は $J_n(z)$ とは独立ではない. 実際, $\mu = 0,1,\cdots,n-1$ では $\Gamma(-n+\mu+1)$ が発散するために, $\lambda = n$ を代入した場合の式 (6.18) の右辺の級数の各項は $\mu = 0,1,\cdots,n-1$ でゼロとなり,

$$J_{-n}(z) = \left(\frac{z}{2}\right)^{-n} \sum_{\mu=n}^{\infty} \frac{(-1)^{\mu}}{\mu! \Gamma(-n+\mu+1)} \left(\frac{z}{2}\right)^{2\mu}$$

$$= (-1)^n J_n(z) \qquad (6.28)$$

が得られる. 第 2 の解を求めるために, ノイマン関数 (6.26) を利用しよう. ロピタルの定理を用いると, $\lambda \to n$ の極限で, 式 (6.26) は

$$N_n(z) = \frac{1}{\pi} \lim_{\lambda \to n} \left\{ \frac{\partial J_{\lambda}(z)}{\partial \lambda} - (-1)^{\lambda} \frac{\partial J_{-\lambda}(z)}{\partial \lambda} \right\} \qquad (6.29)$$

となる. 式 (6.17) と (6.18) を λ で微分し, $\lambda = n$ を代入すると,

$$
\begin{aligned}
\left. \frac{\partial J_\lambda(z)}{\partial \lambda} \right|_{\lambda=n} &= J_n(z) \log \frac{z}{2} \\
&+ \left(\frac{z}{2} \right)^n \sum_{\mu=0}^\infty \frac{(-1)^\mu}{\mu!} \left(\frac{z}{2} \right)^{2\mu} \frac{d}{d\lambda} \left. \frac{1}{\Gamma(\lambda+\mu+1)} \right|_{\lambda=n}
\end{aligned} \tag{6.30}
$$

$$
\begin{aligned}
\left. \frac{\partial J_{-\lambda}(z)}{\partial \lambda} \right|_{\lambda=n} &= -J_{-n}(z) \log \frac{z}{2} \\
&+ \left(\frac{z}{2} \right)^{-n} \sum_{\mu=0}^\infty \frac{(-1)^\mu}{\mu!} \left(\frac{z}{2} \right)^{2\mu} \frac{d}{d\lambda} \left. \frac{1}{\Gamma(-\lambda+\mu+1)} \right|_{\lambda=n}
\end{aligned} \tag{6.31}
$$

となる.

$$
\frac{d}{dz} \frac{1}{\Gamma(z)} = -\frac{\Gamma'(z)}{\Gamma(z)^2} = -\frac{\psi(z)}{\Gamma(z)}
$$

を用いると, 式 (6.30) は以下のように計算される.

$$
\left. \frac{\partial J_\lambda(z)}{\partial \lambda} \right|_{\lambda=n} = J_n(z) \log \frac{z}{2} - \left(\frac{z}{2} \right)^n \sum_{\mu=0}^\infty \frac{(-1)^\mu \psi(\mu+n+1)}{\mu!(\mu+n)!} \left(\frac{z}{2} \right)^{2\mu} \tag{6.32}
$$

ここで, $\psi(z)$ は 4.4 節で議論したディガンマ関数である. 一方, 式 (6.31) を計算する際に, 和 $\sum_{\mu=0}^\infty$ を $\sum_{\mu=0}^{n-1}$ と $\sum_{\mu=n}^\infty$ に分ける ($n = 0$ の場合には, 第1の和は現れない). まず, 第2の和は以下のように計算される.

$$
\begin{aligned}
\sum_{\mu=n}^\infty \frac{(-1)^\mu}{\mu!} \left(\frac{z}{2} \right)^{2\mu} \frac{d}{d\lambda} \left. \frac{1}{\Gamma(-\lambda+\mu+1)} \right|_{\lambda=n} \\
= \sum_{\mu=n}^\infty \frac{(-1)^\mu}{\mu!} \left(\frac{z}{2} \right)^{2\mu} \frac{\psi(-n+\mu+1)}{\Gamma(-n+\mu+1)} \\
= \sum_{\mu=0}^\infty \frac{(-1)^{\mu+n} \psi(\mu+1)}{(\mu+n)!\mu!} \left(\frac{z}{2} \right)^{2(\mu+n)}
\end{aligned} \tag{6.33}
$$

第1の和を計算する際, $\Gamma(z)$ は $z = -n$ ($n = 0, 1, 2, \cdots$) に一位の極を持ち, 留数が $(-1)^n/n!$ であることに注意すると, 第1の和の中で,

$$
\frac{d}{d\lambda} \left. \frac{1}{\Gamma(-\lambda+\mu+1)} \right|_{\lambda=n} = -(-1)^{n-\mu-1}(n-\mu-1)!
$$

が得られ，その結果を用いると第 1 の和は

$$\sum_{\mu=0}^{n-1} \frac{(-1)^{\mu}}{\mu!} \left(\frac{z}{2}\right)^{2\mu} \frac{d}{d\lambda} \frac{1}{\Gamma(-\lambda+\mu+1)}\bigg|_{\lambda=n} = (-1)^n \sum_{\mu=0}^{n-1} \frac{(n-\mu-1)!}{\mu!} \left(\frac{z}{2}\right)^{2\mu} \tag{6.34}$$

となる．これらの結果を用いると，$n=1,2,\cdots$ に対して，

$$N_n(z) = \frac{2}{\pi} J_n(z) \log \frac{z}{2} - \frac{1}{\pi} \sum_{\mu=0}^{\infty} (-1)^{\mu} \frac{\psi(\mu+1) + \psi(n+\mu+1)}{\mu!(n+\mu)!} \left(\frac{z}{2}\right)^{2\mu+n}$$
$$- \frac{1}{\pi} \sum_{\mu=0}^{n-1} \frac{(n-\mu-1)!}{\mu!} \left(\frac{z}{2}\right)^{2\mu-n} \tag{6.35}$$

および，

$$N_0(z) = \frac{2}{\pi} J_0(z) \log \frac{z}{2} - \frac{2}{\pi} \sum_{\mu=0}^{\infty} (-1)^{\mu} \frac{\psi(\mu+1)}{(\mu!)^2} \left(\frac{z}{2}\right)^{2\mu} \tag{6.36}$$

が得られる．ベッセル関数およびノイマン関数の $z=0$ 近傍の振る舞いは以下のようである．

$$J_{\lambda}(z) \simeq \frac{1}{\Gamma(\lambda+1)} \left(\frac{z}{2}\right)^{\lambda} \qquad (\lambda \neq \text{負整数}), \tag{6.37}$$

$$N_0(z) \simeq \frac{2}{\pi} \log \frac{z}{2}, \tag{6.38}$$

$$N_n(z) \simeq -\frac{(n-1)!}{\pi} \left(\frac{z}{2}\right)^{-n} \qquad (n = \text{正整数}). \tag{6.39}$$

このように，整数次数の場合には $z=0$ で有限な関数はベッセル関数だけである．図 6.1 にベッセル関数とノイマン関数の実軸上 $(x>0)$ の振る舞いを記す．

なお，ベッセルの微分方程式の基本解として，ベッセル関数 $J_{\lambda}(z)$，ノイマン関数 $N_{\lambda}(z)$ ととる代わりに，次のように定義される $H^1_{\lambda}(z)$，$H^2_{\lambda}(z)$ ととることもある．

$$H^1_{\lambda}(z) = J_{\lambda}(z) + iN_{\lambda}(z), \tag{6.40}$$

$$H^2_{\lambda}(z) = J_{\lambda}(z) - iN_{\lambda}(z) \tag{6.41}$$

$H^1_{\lambda}(z)$ をハンケルの第一種の関数，$H^2_{\lambda}(z)$ をハンケルの第二種の関数という．

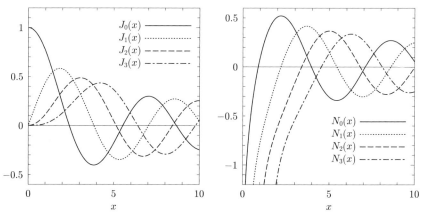

図 **6.1**: ベッセル関数とノイマン関数の実軸上の振る舞い.

6.2 ベッセル関数の漸化式と加法定理

ベッセル関数の漸化式を導出する. まず, 式 (6.17) に $z^{\pm\lambda}$ を掛け, z で微分すると以下の式が得られる.

$$\frac{d}{dz}\left(\frac{J_\lambda(z)}{z^\lambda}\right) = -\frac{J_{\lambda+1}(z)}{z^\lambda}, \tag{6.42}$$

$$\frac{d}{dz}\left(z^\lambda J_\lambda(z)\right) = z^\lambda J_{\lambda-1}(z). \tag{6.43}$$

これらより,

$$\frac{d}{dz}J_\lambda(z) = \frac{\lambda}{z}J_\lambda(z) - J_{\lambda+1}(z), \tag{6.44}$$

$$\frac{d}{dz}J_\lambda(z) = -\frac{\lambda}{z}J_\lambda(z) + J_{\lambda-1}(z). \tag{6.45}$$

また, これらを組み合わせることによって

$$2\frac{d}{dz}J_\lambda(z) = J_{\lambda-1}(z) - J_{\lambda+1}(z), \tag{6.46}$$

$$J_{\lambda+1}(z) - 2\frac{\lambda}{z}J_\lambda(z) + J_{\lambda-1}(z) = 0. \tag{6.47}$$

ノイマン関数やハンケル関数についても同様の関係式が成り立つことは，これらの関数の定義を用いれば示すことができる.

この漸化式を用いて，整数次のベッセル関数の母関数表示

$$W(z,t) = \sum_{n=-\infty}^{\infty} J_n(z)t^n \tag{6.48}$$

を求める. 式 (6.48) を z について微分し，式 (6.46) を用いると，

$$\begin{aligned}
\frac{\partial}{\partial z}W(z,t) &= \sum_{n=-\infty}^{\infty} \frac{d}{dz}J_n(z)t^n \\
&= \frac{1}{2}\sum_{n=-\infty}^{\infty} \{J_{n-1}(z) - J_{n+1}(z)\}t^n \\
&= \frac{1}{2}\left(t - \frac{1}{t}\right)W(z,t) \tag{6.49}
\end{aligned}$$

が得られ，積分すると

$$W(z,t) = W(0,t)\exp\left\{\frac{z}{2}\left(t - \frac{1}{t}\right)\right\} \tag{6.50}$$

となる. 式 (6.48) より，$W(0,t) = J_0(0) = 1$ なので，以下のような母関数表示が得られる.

$$\exp\left\{\frac{z}{2}\left(t - \frac{1}{t}\right)\right\} = \sum_{n=-\infty}^{\infty} J_n(z)t^n \tag{6.51}$$

z_1, z_2 をともに任意の複素数とすると，式 (6.51) より

$$\begin{aligned}
\sum_{n=-\infty}^{\infty} J_n(z_1+z_2)t^n &= \exp\left\{\frac{(z_1+z_2)}{2}\left(t - \frac{1}{t}\right)\right\} \\
&= \exp\left\{\frac{z_1}{2}\left(t - \frac{1}{t}\right)\right\}\exp\left\{\frac{z_2}{2}\left(t - \frac{1}{t}\right)\right\} \\
&= \sum_{m=-\infty}^{\infty} J_m(z_1)t^m \sum_{l=-\infty}^{\infty} J_l(z_2)t^l \tag{6.52}
\end{aligned}$$

を得る. したがって,

$$J_n(z_1 + z_2)$$

$$= \sum_{m=-\infty}^{\infty} J_m(z_1) J_{n-m}(z_2)$$

$$= \sum_{m=0}^{n} J_m(z_1) J_{n-m}(z_2) + \sum_{m=1}^{\infty} (-1)^m \left\{ J_{m+n}(z_1) J_m(z_2) + J_m(z_1) J_{m+n}(z_2) \right\}$$

$$(6.53)$$

が成り立つ.

次に, 式 (6.51) において, $t \to \lambda t$ の置き換えを行うと

$$\sum_{n=-\infty}^{\infty} J_n(z) \lambda^n t^n = \exp \left\{ \frac{z}{2} \left(\lambda t - \frac{1}{\lambda t} \right) \right\}$$

$$= \exp \left\{ \frac{z}{2t} \left(\lambda - \frac{1}{\lambda} \right) \right\} \exp \left\{ \frac{z\lambda}{2} \left(t - \frac{1}{t} \right) \right\}$$

$$= \exp \left\{ \frac{z}{2t} \left(\lambda - \frac{1}{\lambda} \right) \right\} \sum_{n=-\infty}^{\infty} J_n(\lambda z) t^n \qquad (6.54)$$

ここで, $\lambda = e^{i\theta}$ とすると

$$\sum_{n=-\infty}^{\infty} J_n(z e^{i\theta}) t^n = e^{-i(z/t) \sin \theta} \sum_{n=-\infty}^{\infty} J_n(z) e^{in\theta} t^n \qquad (6.55)$$

が得られる. ここで, z を実数 x とする. また, 上式において $x \to y$, $\theta \to \phi$ と変換したものを上式に掛けると

$$e^{-i(x \sin \theta + y \sin \phi)/t} \sum_{n=-\infty}^{\infty} \sum_{m=-\infty}^{\infty} J_n(x) J_m(y) e^{in\theta} e^{im\phi} t^{m+n}$$

$$= \sum_{n=-\infty}^{\infty} J_n(x e^{i\theta} + y e^{i\phi}) t^n \qquad (6.56)$$

が得られる. ここで, 式 (6.52) を用いた. この式において, x, y, θ, ϕ が

$$x \sin \theta + y \sin \phi = 0 \qquad (6.57)$$

を満足するものとし,

$$p = x \cos \theta + y \cos \phi \qquad (6.58)$$

とおく．すると，

$$J_0(p) = \sum_{m=-\infty}^{\infty} e^{im(\theta-\phi)} J_m(x) J_{-m}(y) \tag{6.59}$$

となる．すなわち，$\theta - \phi = \alpha$ として

$$J_0(\sqrt{x^2 + y^2 + 2xy\cos\alpha}) = J_0(x)J_0(y) + 2\sum_{m=1}^{\infty} (-1)^m J_m(x)J_m(y)\cos m\alpha \tag{6.60}$$

また，$\alpha \to \alpha + \pi$ として，

$$J_0(\sqrt{x^2 + y^2 - 2xy\cos\alpha}) = J_0(x)J_0(y) + 2\sum_{m=1}^{\infty} J_m(x)J_m(y)\cos m\alpha \tag{6.61}$$

が成り立つ．

6.3　ベッセル関数の積分による表現

　ベッセル関数を積分で表す方法を考えてみよう．まず，式 (6.51) において，$t = e^{i\theta}$ を代入すると，

$$\exp(iz\sin\theta) = \sum_{n=-\infty}^{\infty} J_n(z)e^{in\theta} \tag{6.62}$$

となる．この式はフーリエ展開の形をしているので，逆変換を行うと，

$$J_n(z) = \frac{1}{2\pi}\int_{-\pi}^{\pi} \exp\{i(z\sin\theta - n\theta)\} d\theta \tag{6.63}$$

$$= \frac{1}{\pi}\int_0^{\pi} \cos(z\sin\theta - n\theta) d\theta \tag{6.64}$$

$$= \frac{1}{\pi i^n}\int_0^{\pi} \exp(iz\cos\theta)\cos n\theta d\theta \tag{6.65}$$

が得られる．式 (6.63) から式 (6.65) を導出する際，式 (6.63) の積分範囲を $-\frac{\pi}{2} \le \theta \le \frac{3\pi}{2}$ とし，$\theta \to \theta - \frac{\pi}{2}$ の変換を行なっている．なお，式 (6.62) より，$J_{-n}(z) = (-1)^n J_n(z)$ を用いると，

$$\cos(z\sin\theta) = J_0(z) + 2\sum_{n=1}^{\infty} J_{2n}(z)\cos 2n\theta, \tag{6.66}$$

$$\sin(z\sin\theta) = 2\sum_{n=0}^{\infty} J_{2n+1}(z)\sin(2n+1)\theta \tag{6.67}$$

が得られ，さらに $\theta \to \frac{\pi}{2} - \theta$ の置き換えを行うと

$$\cos(z\cos\theta) = J_0(z) + 2\sum_{n=1}^{\infty} (-1)^n J_{2n}(z)\cos 2n\theta, \tag{6.68}$$

$$\sin(z\cos\theta) = 2\sum_{n=0}^{\infty} (-1)^n J_{2n+1}(z)\cos(2n+1)\theta \tag{6.69}$$

が得られる．

次に，ベッセル関数の級数による表現 (式 (6.17)) の中の $1/\Gamma(\lambda+\mu+1)$ を (4.31) を用いて変形し，また $t \to -t$ と変数変換する．

$$J_\lambda(z) = \left(\frac{z}{2}\right)^\lambda \sum_{\mu=0}^{\infty} \frac{(-1)^\mu}{\mu!} \left(\frac{z}{2}\right)^{2\mu} \frac{(-i)}{2\pi} \int_C e^t t^{-(\lambda+\mu+1)} dt \tag{6.70}$$

$$= \left(\frac{z}{2}\right)^\lambda \frac{(-i)}{2\pi} \int_C \exp\left(t - \frac{z^2}{4t}\right) t^{-\lambda-1} dt \tag{6.71}$$

ここで積分経路 C は，図 6.2 で示されている．

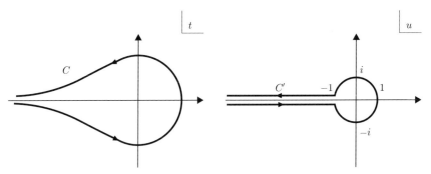

図 **6.2**: 式 (6.71) の積分経路 C と等価な経路 C'

次に，$t = \frac{zu}{2}$ によって積分変数を変換すると以下の式が得られる．

$$J_\lambda(z) = \frac{-i}{2\pi} \int_{C'} u^{-\lambda-1} \exp\left\{\frac{z}{2}\left(u - \frac{1}{u}\right)\right\} du \tag{6.72}$$

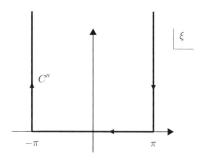

図 **6.3**: 式 (6.79) の積分経路 C''

なお,上記の積分の経路は $\mathrm{Re}\, z > 0$ である限り,図 6.2 の C と同じにすることができるため,C と等価な C' の経路を用いる.次に,$u = \exp(-i\xi)$ によって変数変換を行うと

$$J_\lambda(z) = -\frac{1}{2\pi} \int_{C''} \exp\left\{-i(z\sin\xi - \lambda\xi)\right\} d\xi \tag{6.73}$$

$$= \frac{1}{2\pi} \int_{-\pi}^{\pi} \exp\left\{-i(z\sin x - \lambda x)\right\} dx$$

$$- \frac{\sin\lambda\pi}{\pi} \int_0^\infty \exp\left\{-(z\sinh y + \lambda y)\right\} dy \tag{6.74}$$

ここで,積分経路 C'' は図 6.3 によって与えられる.2 つ目の等号の第 2 項を導出する際,$\xi = \pm\pi + iy$ と変換した.λ が整数 n の時には,式 (6.74) の第 2 項はゼロとなり,この積分表現は式 (6.63) と一致する.

なお,式 (6.51) は,左辺の関数をローラン級数に展開したときの t^n の係数が $J_n(z)$ であることを示している.式 (6.72) において,$\lambda = n$ の場合には分岐線 ($\mathrm{Re}\, t < 0, \mathrm{Im}\, t = 0$) がなくなり,積分経路 C' のなかで $-\infty$ と -1 をつなぐ 2 つの経路の積分が相殺する.その結果,原点を反時計回りに周回する積分だけが残る.この式がローラン展開の係数を与える式となっている.

6.4 フーリエ・ベッセル展開

$J_n(\lambda x)$ および $J_n(\mu x)$ は以下の微分方程式を満たす.

$$x \frac{d^2}{dx^2} J_n(\lambda x) + \frac{d}{dx} J_n(\lambda x) + \left(\lambda^2 - \frac{n^2}{x^2} \right) x J_n(\lambda x) = 0, \tag{6.75}$$

$$x \frac{d^2}{dx^2} J_n(\mu x) + \frac{d}{dx} J_n(\mu x) + \left(\mu^2 - \frac{n^2}{x^2} \right) x J_n(\mu x) = 0. \tag{6.76}$$

式 (6.75) に $J_n(\mu x)$ を掛け，式 (6.76) に $J_n(\lambda x)$ を掛け，辺々引き算して整理すると

$$(\lambda^2 - \mu^2) x J_n(\lambda x) J_n(\mu x) = \frac{d}{dx} \left[x \left\{ \mu J_n(\lambda x) J_n'(\mu x) - \lambda J_n(\mu x) J_n'(\lambda x) \right\} \right] \tag{6.77}$$

となる．ここで $J_n'(x) = dJ_n(x)/dx$ である．両辺を区間 $0 < x < 1$ で積分すると，

$$(\lambda^2 - \mu^2) \int_0^1 x J_n(\lambda x) J_n(\mu x) dx = \mu J_n(\lambda) J_n'(\mu) - \lambda J_n(\mu) J_n'(\lambda) \tag{6.78}$$

が得られる．特に，$\lambda = \mu$ の場合には両辺を $\lambda^2 - \mu^2$ で割り，$\mu \to \lambda$ の極限をとると，

$$\int_0^1 x J_n^2(\lambda x) dx = \frac{1}{2} \left\{ J_n'(\lambda)^2 + \left(1 - \frac{n^2}{\lambda^2} \right) J_n(\lambda)^2 \right\}$$

$$= \frac{1}{2} \left\{ J_n(\lambda)^2 - J_{n+1}(\lambda) J_{n-1}(\lambda) \right\} \tag{6.79}$$

が得られる．最後の式変形では，漸化式 (6.44), (6.45) を用いた．今，λ と μ が方程式

$$A x J_n'(x) + B J_n(x) = 0 \tag{6.80}$$

の解になっているものとする．このとき，明らかに (6.78) の右辺はゼロとなる．したがって，以下のような規格直交関係が成り立つ．

$$\int_0^1 x J_n(\lambda x) J_n(\mu x) dx = \delta_{\lambda\mu} \frac{1}{2} \left\{ J_n(\lambda)^2 - J_{n+1}(\lambda) J_{n-1}(\lambda) \right\}$$

$$\text{ただし，} \lambda \text{ と } \mu \text{ は式 (6.80) の解.} \tag{6.81}$$

式 (6.80) において，$A = 0$ の時 $J_n(x) = 0$ となるが，この解をベッセル関数

の零点という.

今, 式 (6.80) の正の解を $\lambda_1 < \lambda_2 < \cdots$ とすると, $0 < x < 1$ で定義された実関数 $f(x)$ は

$$f(x) = \sum_{i=1}^{\infty} c_i J_n(\lambda_i x), \tag{6.82}$$

$$c_i = \frac{2 \int_0^1 x f(x) J_n(\lambda_i x) dx}{J_n(\lambda_i)^2 - J_{n-1}(\lambda_i) J_{n+1}(\lambda_i)} \tag{6.83}$$

と書き表される[1]. これをフーリエ・ベッセル展開という. 特に λ_i が $J_n(x)$ の零点の場合には, $J_n'(\lambda_i) = -J_{n+1}(\lambda_i) = J_{n-1}(\lambda_i)$ なので,

$$c_i = \frac{2 \int_0^1 x f(x) J_n(\lambda_i x) dx}{J_n'(\lambda_i)^2} = \frac{2 \int_0^1 x f(x) J_n(\lambda_i x) dx}{J_{n+1}(\lambda_i)^2} \tag{6.84}$$

となる.

それでは, 半径 a の円形境界をもつ系における 2 次元ヘルムホルツの方程式 (6.1) の解を求めてみよう. ただし, $r = a$ における境界条件を, A と B を定数として

$$Aa \frac{\partial f(r,\theta)}{\partial r} + B f(r,\theta) \bigg|_{r=a} = 0 \tag{6.85}$$

とする.

式 (6.3) より円の内部で有限となる特解 $u(r,\theta)$ は

$$u(r,\theta) = J_n(kr) \cos n\theta, \ \ J_n(kr) \sin n\theta \tag{6.86}$$

で与えられる. ただし, n はゼロまたは正の整数である. 境界条件 (6.85) を満足するためには k は任意ではなく, 式 (6.80) の正の解 $\lambda_{n,i}$ ($0 < \lambda_{n,1} < \lambda_{n,2} < \cdots$) を用いて

$$k_{n,i} = \frac{\lambda_{n,i}}{a} \tag{6.87}$$

で与えられる. したがって, 一般解は

---

[1] 展開の可能性については, 例えば, 吉田耕作著『積分方程式論 第 2 版』(岩波全書 117), 岩波書店, 1990, p.222 参照.

$$f(r,\theta) = \sum_{n=0}^{\infty} \sum_{i=1}^{\infty} J_n\left(\lambda_{n,i}\frac{r}{a}\right)\{\alpha_{n,i}\cos n\theta + \beta_{n,i}\sin n\theta\} \tag{6.88}$$

で与えられる．ただし，係数は

$$\alpha_{0,i} = \frac{1}{2\pi a^2 c_{0,i}} \int_0^a r\,dr \int_0^{2\pi} d\theta\, f(r,\theta) J_0\left(\lambda_{0,i}\frac{r}{a}\right), \tag{6.89}$$

$$\alpha_{n,i} = \frac{1}{\pi a^2 c_{n,i}} \int_0^a r\,dr \int_0^{2\pi} d\theta\, f(r,\theta) J_n\left(\lambda_{n,i}\frac{r}{a}\right)\cos n\theta, \tag{6.90}$$

$$\beta_{n,i} = \frac{1}{\pi a^2 c_{n,i}} \int_0^a r\,dr \int_0^{2\pi} d\theta\, f(r,\theta) J_n\left(\lambda_{n,i}\frac{r}{a}\right)\sin n\theta \tag{6.91}$$

である．ただし，

$$
\begin{aligned}
c_{n,i} &= \int_0^1 x J_n^2(\lambda_{n,i}x)\,dx \\
&= \frac{1}{2}\left\{ J_n(\lambda_{n,i})^2 - J_{n+1}(\lambda_{n,i})J_{n-1}(\lambda_{n,i}) \right\}.
\end{aligned}
\tag{6.92}
$$

第7章

ルジャンドル関数

3次元のラプラス方程式

$$\left(\frac{\partial^2}{\partial x^2} + \frac{\partial^2}{\partial y^2} + \frac{\partial^2}{\partial z^2} \right) f = 0 \tag{7.1}$$

を極座標 $x = r \sin\theta \cos\phi$, $y = r \sin\theta \sin\phi$, $z = r \cos\theta$ を用いて表すと，以下のように書かれる．

$$\left\{ \frac{1}{r^2} \frac{\partial}{\partial r} \left(r^2 \frac{\partial}{\partial r} \right) + \frac{1}{r^2} \frac{1}{\sin\theta} \frac{\partial}{\partial \theta} \left(\sin\theta \frac{\partial}{\partial \theta} \right) + \frac{1}{r^2} \frac{1}{\sin^2\theta} \frac{\partial^2}{\partial \phi^2} \right\} f(r,\theta,\phi) = 0. \tag{7.2}$$

この方程式の解を求めるために，変数分離

$$f(r,\theta,\phi) = R(r)\Theta(\theta)\Phi(\phi) \tag{7.3}$$

を行なって式 (7.2) に代入し，さらにその式を (7.3) で割ると，

$$-\frac{1}{\Phi} \frac{d^2\Phi}{d\phi^2} = \frac{\sin^2\theta}{R} \frac{d}{dr} \left(r^2 \frac{dR}{dr} \right) + \frac{\sin\theta}{\Theta} \frac{d}{d\theta} \left(\sin\theta \frac{d\Theta}{d\theta} \right) \tag{7.4}$$

となる．左辺は ϕ のみの関数であり，右辺は r と θ の関数である．それらが恒等的に等しくなるためには，上式は定数でなければならない．この定数を a とおくと，Φ に対する微分方程式は

$$\frac{d^2\Phi}{d\phi^2} = -a\Phi \tag{7.5}$$

で与えられる．この方程式の解が $\Phi(\phi) = \Phi(\phi + 2\pi)$ を満たすためには，定数

a は $a = m^2$ (m は整数) でなければならない. したがって, $\Phi = e^{im\phi}$ が解となる. これを式 (7.4) に代入し整理すると,

$$\frac{1}{R}\frac{d}{dr}\left(r^2\frac{dR}{dr}\right) = -\frac{1}{\Theta\sin\theta}\frac{d}{d\theta}\left(\sin\theta\frac{d\Theta}{d\theta}\right) + \frac{m^2}{\sin^2\theta} \tag{7.6}$$

となるが, 前と同様に上式は定数でなければならない. これを b とおくと $\Theta(\theta)$ の満たすべき方程式は

$$\frac{1}{\sin\theta}\frac{d}{d\theta}\left(\sin\theta\frac{d\Theta}{d\theta}\right) + \left(b - \frac{m^2}{\sin^2\theta}\right)\Theta = 0 \tag{7.7}$$

となる. ここで, $x = \cos\theta$ とすると

$$\frac{d}{dx}\left\{(1-x^2)\frac{d\Theta}{dx}\right\} + \left(b - \frac{m^2}{1-x^2}\right)\Theta = 0 \tag{7.8}$$

$$\Leftrightarrow (1-x^2)\frac{d^2\Theta}{dx^2} - 2x\frac{d\Theta}{dx} + \left(b - \frac{m^2}{1-x^2}\right)\Theta = 0. \tag{7.9}$$

以下ではこの方程式の解について考察する.

7.1 ルジャンドルの微分方程式の解

まず, 式 (7.8) および (7.9) において, $m = 0$ の場合を考察する. 変数 x を z, 解 Θ を w と書き換え, 定数 b を $l(l+1)$ とおくと,

$$\frac{d}{dz}\left\{(1-z^2)\frac{dw}{dz}\right\} + l(l+1)w = 0 \tag{7.10}$$

$$\Leftrightarrow (1-z^2)\frac{d^2w}{dz^2} - 2z\frac{dw}{dz} + l(l+1)w = 0 \tag{7.11}$$

が得られる. この方程式をルジャンドルの微分方程式という. この方程式の確定特異点は, $z = \pm 1$ と $z = \infty$ である.

$z = 0$ 近傍の解を求める. $z = 0$ は正則点なので,

$$w = \sum_{\nu=0}^{\infty} a_\nu z^\nu \tag{7.12}$$

とおき, 式 (7.11) に代入すると, 以下のような漸化式が得られる.

$$(\nu + 2)(\nu + 1)a_{\nu+2} = (\nu - l)(\nu + l + 1)a_\nu \quad (\nu = 0, 1, 2, \cdots). \tag{7.13}$$

この漸化式より，a_0 を用いて a_2, a_4, $\cdots$ が表され，a_1 を用いて a_3, a_5, $\cdots$ が表される．したがって，$a_0 \neq 0$, $a_1 = 0$ の場合には解 w は偶関数となり，$a_0 = 0$, $a_1 \neq 0$ の場合には w は奇関数となる．定数 l が整数でなければ級数は有限項で切れず無限級数となる．この場合，ν が十分に大きいと

$$\frac{a_{\nu+2}}{a_\nu} \to 1$$

となり，級数 (7.12) は $z = \pm 1$ で発散する．これは，$\Theta(0)$, $\Theta(\pi)$ が発散することに対応し，物理の問題では適応されない場合が多い．したがって，以下では l をゼロまたは正の整数とし[1]，w が有限項の級数である場合を最初に考察する．

式 (7.13) より，$\nu = l$ の場合には $a_{l+2} = a_{l+4} = \cdots = 0$ となるから，w は l 次多項式となる．この多項式の l 次の係数を

$$a_l = \frac{(2l - 1)!!}{l!} = \frac{(2l)!}{2^l (l!)^2} \tag{7.14}$$

とおいたものを l 次のルジャンドル多項式とよび，$P_l(z)$ とあらわす．漸化式 (7.13) より，

$$\begin{aligned}
a_{l-2\mu} &= (-1)^\mu \frac{1}{2^\mu \mu!} \frac{l!}{(l - 2\mu)!} \frac{(2l - 2\mu - 1)!!}{(2l - 1)!!} a_l \\
&= (-1)^\mu \frac{1}{2^l \mu!} \frac{(2l - 2\mu)!}{(l - 2\mu)!(l - \mu)!} \tag{7.15}
\end{aligned}$$

が得られるので，

$$P_l(z) = \sum_{\mu=0}^{[l/2]} (-1)^\mu \frac{1}{2^l \mu!} \frac{(2l - 2\mu)!}{(l - 2\mu)!(l - \mu)!} z^{l-2\mu} \tag{7.16}$$

となる．ここで，$[l/2]$ は $l/2$ を超えない最大の整数を表し，l が偶数の場合は $[l/2] = l/2$，l が奇数の場合は $[l/2] = (l-1)/2$ である．$P_l(z)$ のいくつかを具

---

1) 微分方程式 (7.10), (7.11) までもどると，$l = -1, -2, \cdots$ は，$l = 0, 1, 2, \cdots$ と等価であるから，l をゼロまたは正の整数と限ってよい．

体的に示すと以下のように与えられる.

$$P_0(z) = 1, \quad P_1(z) = z, \quad P_2(z) = \frac{3}{2}z^2 - \frac{1}{2},$$
$$P_3(z) = \frac{5}{2}z^3 - \frac{3}{2}z, \quad P_4(z) = \frac{35}{8}z^4 - \frac{15}{4}z^2 + \frac{3}{8}.$$

　ルジャンドル多項式は以下のように表すこともできる.

$$P_l(z) = \frac{1}{2^l l!} \frac{d^l}{dz^l}(z^2-1)^l. \tag{7.17}$$

上式をロドリグの公式という. 証明は右辺を直接計算することによって示される.

$$\frac{1}{2^l l!}\frac{d^l}{dz^l}(z^2-1)^l = \frac{1}{2^l l!}\frac{d^l}{dz^l}\sum_{\mu=0}^{l}\frac{l!}{(l-\mu)!\mu!}(-1)^\mu z^{2(l-\mu)}$$
$$= \frac{1}{2^l l!}\sum_{\mu=0}^{[l/2]}\frac{l!}{(l-\mu)!\mu!}(-1)^\mu \frac{(2l-2\mu)!}{(l-2\mu)!}z^{l-2\mu}$$

また, ロドリグの公式 (7.17) より,

$$P_l(z) = \frac{1}{2^l l!}\frac{d^l}{dz^l}(z+1)^l(z-1)^l$$
$$= \frac{1}{2^l l!}\sum_{r=0}^{l}\frac{l!}{(l-r)!r!}\frac{d^{l-r}}{dz^{l-r}}(z+1)^l\frac{d^r}{dz^r}(z-1)^l$$

なので $P_l(1) = 1$ が得られる. 一方, $P_l(z)$ は l が偶数の時は偶関数, l が奇数の時は奇関数であることを用いると, $P_l(-1) = (-1)^l$ が得られる.

　次に, 変数 z を実数 x としてルジャンドル多項式の直交関係を導出する. 式 (7.10) より, l および k をゼロまたは正の整数として, $P_l(x)$ および $P_k(x)$ は以下の微分方程式を満たす.

$$\frac{d}{dx}\left\{(1-x^2)\frac{dP_l(x)}{dx}\right\} + l(l+1)P_l(x) = 0,$$
$$\frac{d}{dx}\left\{(1-x^2)\frac{dP_k(x)}{dx}\right\} + k(k+1)P_k(x) = 0$$

上式に $P_k(x)$, 下式に $P_l(x)$ を掛けて $-1 \le x \le 1$ の範囲で積分し, 両辺を引き算すると

$$\{k(k+1) - l(l+1)\} \int_{-1}^{1} P_l(x)P_k(x)dx = 0 \tag{7.18}$$

となる. したがって, $l \neq k$ の場合上記の積分はゼロになる. また, $l = k$ の場合

$$\begin{aligned}
\int_{-1}^{1} \{P_l(x)\}^2\, dx &= \frac{1}{2^l l!} \int_{-1}^{1} \frac{d^l(x^2-1)^l}{dx^l} P_l(x)dx \\
&= \frac{1}{2^l l!} \int_{-1}^{1} (1-x^2)^l \frac{d^l P_l(x)}{dx^l} dx \\
&= \frac{(2l-1)!!}{(2l)!!} \int_{-1}^{1} (1-x^2)^l dx \\
&= \frac{2}{2l+1}
\end{aligned} \tag{7.19}$$

ここで, $P_l(x)$ は l 次多項式であり, l 次の係数が $a_l = (2l-1)!!/l!$ で与えられること,

$$\int_{-1}^{1} (1-x^2)^l dx = \frac{(2l)!!}{(2l-1)!!}\frac{2}{2l+1}$$

を用いた. したがって,

$$\int_{-1}^{1} P_l(x)P_k(x)dx = \frac{2}{2l+1}\delta_{lk} \tag{7.20}$$

となる. $P_0(x), P_1(x), P_2(x), \cdots$ は $-1 \leq x \leq 1$ において完全系をなしており, この区間で定義された任意の関数は

$$f(x) = \sum_{l=0}^{\infty} c_l P_l(x) \tag{7.21}$$

と展開できる. ただし,

$$c_l = \frac{2l+1}{2} \int_{-1}^{1} f(x)P_l(x)dx \tag{7.22}$$

である.

微分方程式 (7.10) または (7.11) の解は, 確定特異点 $z = \pm 1$ 近傍で

$$w = (z \mp 1)^\rho \sum_{\nu=0}^{\infty} a_\nu (z \mp 1)^\nu \tag{7.23}$$

と展開される．基本方程式は

$$\rho(\rho - 1) + \rho = \rho^2 = 0 \tag{7.24}$$

で与えられ，その解は $\rho_1 = \rho_2 = 0$ の等根となる．したがって，一つの解は，$z = \pm 1$ で正則となる．これは，ルジャンドル多項式に他ならない[2]．もう一つの解は，$z = \pm 1$ に対数的特異性をもっている．詳細は省略するが，それは第2種ルジャンドル関数とよばれ，以下のように与えられる[3]．

$$Q_l(z) = \frac{1}{2} P_l(z) \log \frac{z+1}{z-1} - W_{l-1}(z), \tag{7.25}$$

$$W_{l-1}(z) = \frac{2l-1}{1 \cdot l} P_{l-1}(z) + \frac{2l-5}{3(l-1)} P_{l-3}(z) + \frac{2l-9}{5(l-2)} P_{l-5}(z) + \cdots. \tag{7.26}$$

その最初のいくつかは以下のように書かれる．

$$Q_0(z) = \frac{1}{2} P_0(z) \log \frac{z+1}{z-1}, \tag{7.27}$$

$$Q_1(z) = \frac{1}{2} P_1(z) \log \frac{z+1}{z-1} - 1, \tag{7.28}$$

$$Q_2(z) = \frac{1}{2} P_2(z) \log \frac{z+1}{z-1} - \frac{3}{2} z. \tag{7.29}$$

$Q_l(\cos\theta)$ が $\theta = 0$ と $\theta = \pi$ で発散するので，あまり使われることはない．

7.2 ルジャンドル多項式の積分表示，母関数，漸化式

次に，ルジャンドル多項式の積分表示と母関数表示について考察する．ロドリグの公式 (7.17) にグルサの積分公式（コーシーの積分公式 (1.69)）を適用すると，以下の式が得られる．

$$P_l(z) = \frac{1}{2^l} \frac{1}{2\pi i} \oint_C \frac{(t^2 - 1)^l}{(t-z)^{l+1}} dt. \tag{7.30}$$

ここで，C は z を取り囲む閉曲線を反時計回りに一周する積分経路である．

---

2)　ルジャンドル多項式で $z = (z \mp 1) \pm 1$ と書き直して展開すればよい．
3)　例えば，寺沢寛一著『自然科学者のための数学概論（増訂版）』岩波書店，1983.

ルジャンドル多項式のこの表現をシュレーフリの積分表現とよぶ[4]. さらに, 積分経路 C を $t = z$ の回りの半径 $|z^2 - 1|^{1/2}$ の円にとると

$$t = z + |z^2 - 1|^{1/2} e^{i\theta}$$

より,

$$
\begin{aligned}
P_l(z) &= \frac{1}{2\pi} \int_0^{2\pi} \left\{ z + \sqrt{z^2 - 1} \cos\left(\theta - \frac{\alpha}{2}\right) \right\}^l d\theta \\
&= \frac{1}{\pi} \int_0^{\pi} \left\{ z + \sqrt{z^2 - 1} \cos\theta \right\}^l d\theta
\end{aligned}
\tag{7.31}
$$

が得られる. ここで, $\frac{\alpha}{2}$ は $\sqrt{z^2 - 1}$ の偏角である. 式 (7.31) をラプラスの第 1 積分とよぶ.

つぎに母関数表示を導出する. 式 (7.31) を用いると

$$
\begin{aligned}
\sum_{l=0}^{\infty} P_l(z) t^l &= \frac{1}{\pi} \int_0^{\pi} \sum_{l=0}^{\infty} \left\{ tz + t\sqrt{z^2 - 1} \cos\theta \right\}^l d\theta \\
&= \frac{1}{\pi} \int_0^{\pi} \frac{1}{1 - tz - t\sqrt{z^2 - 1}\cos\theta} d\theta \\
&= \frac{1}{\sqrt{1 - 2tz + t^2}}
\end{aligned}
\tag{7.32}
$$

が得られる.

この母関数表示を用いると, 以下のような漸化式が得られる. 式 (7.32) の対数をとって, t で微分すると

$$(l+1)P_{l+1}(z) - (2l+1)zP_l(z) + lP_{l-1}(z) = 0 \tag{7.33}$$

が得られる. また, 式 (7.32) の対数をとって, z で微分すると

$$P_l(z) - \frac{d}{dz}P_{l-1}(z) + 2z\frac{d}{dz}P_l(z) - \frac{d}{dz}P_{l+1}(z) = 0. \tag{7.34}$$

また, これらを組み合わせることによって

---

4) シュレーフリの積分表現は, 積分経路 C を $t = 1$ と $t = z$ を共にその内部に含み $t = -1$ は含まない閉曲線を反時計まわりに一周する経路にとると, l が正の整数でなくてもルジャンドルの微分方程式の解となっている.

$$(l+1)P_l(z) + z\frac{d}{dz}P_l(z) - \frac{d}{dz}P_{l+1}(z) = 0, \tag{7.35}$$

$$lP_l(z) - z\frac{d}{dz}P_l(z) + \frac{d}{dz}P_{l-1}(z) = 0 \tag{7.36}$$

が得られる.

　母関数表示 (7.32) を用いると，2 点 $\boldsymbol{r}_1$, $\boldsymbol{r}_2$ の間の距離 $r = |\boldsymbol{r}_1 - \boldsymbol{r}_2| = \sqrt{r_1^2 + r_2^2 - 2r_1 r_2 \cos\theta}$ の逆数は，ルジャンドル多項式を用いて以下のように展開できる.

$$\frac{1}{r} = \begin{cases} \dfrac{1}{r_1}\displaystyle\sum_{l=0}^{\infty} P_l(\cos\theta)\left(\dfrac{r_2}{r_1}\right)^l & (r_1 > r_2) \\ \dfrac{1}{r_2}\displaystyle\sum_{l=0}^{\infty} P_l(\cos\theta)\left(\dfrac{r_1}{r_2}\right)^l & (r_2 > r_1) \end{cases} \tag{7.37}$$

ここで，$r_1 = |\boldsymbol{r}_1|$, $r_2 = |\boldsymbol{r}_2|$ であり θ は $\boldsymbol{r}_1$ と $\boldsymbol{r}_2$ のなす角である.

例 静電ポテンシャルの多重極展開

　電荷分布 $\rho(\boldsymbol{r})$ によって作られる静電ポテンシャル $\phi(\boldsymbol{r})$ は以下のように与えられる.

$$\phi(\boldsymbol{r}) = \frac{1}{4\pi\epsilon_0}\int \frac{\rho(\boldsymbol{r}')}{|\boldsymbol{r} - \boldsymbol{r}'|}d\boldsymbol{r}' \tag{7.38}$$

ここで，電荷分布から遠く離れた位置でのポテンシャルの振舞いを考察する. $r > r'$ として，式 (7.37) を用いると

$$\phi(\boldsymbol{r}) = \frac{1}{4\pi\epsilon_0}\frac{1}{r}\int \rho(\boldsymbol{r}')\sum_{l=0}^{\infty} P_l(\cos\theta)\left(\frac{r'}{r}\right)^l d\boldsymbol{r}' \equiv \sum_{l=0}^{\infty}\phi_l(\boldsymbol{r}) \tag{7.39}$$

と表すことができる. この展開を多重極展開という. $\phi_l(\boldsymbol{r}) \propto r^{-(l+1)}$ なので，十分遠方では指数 l が小さいものが支配的となる. 最初の数項の具体的な形は以下のとおりである.

$$\phi_0(\boldsymbol{r}) = \frac{1}{4\pi\epsilon_0}\frac{1}{r}\int \rho(\boldsymbol{r}')d\boldsymbol{r}' = \frac{1}{4\pi\epsilon_0}\frac{q}{r}, \tag{7.40}$$

$$\phi_1(\boldsymbol{r}) = \frac{1}{4\pi\epsilon_0}\frac{1}{r^2}\int \rho(\boldsymbol{r}')r'\cos\theta d\boldsymbol{r}' = \frac{1}{4\pi\epsilon_0}\frac{\boldsymbol{p}\cdot\boldsymbol{n}}{r^2}, \tag{7.41}$$

$$\phi_2(\boldsymbol{r}) = \frac{1}{4\pi\epsilon_0}\frac{1}{r^3}\int \rho(\boldsymbol{r}')r'^2\frac{1}{2}\left(3\cos^2\theta-1\right)d\boldsymbol{r}'$$
$$= \frac{1}{4\pi\epsilon_0}\frac{3}{2r^3}\sum_{i,j=1}^3 Q_{ij}n_in_j. \tag{7.42}$$

ここで, $\boldsymbol{n} = \frac{\boldsymbol{r}}{r}$ であり,

$$q = \int \rho(\boldsymbol{r}')d\boldsymbol{r}' \tag{7.43}$$

$$\boldsymbol{p} = \int \rho(\boldsymbol{r}')\boldsymbol{r}'d\boldsymbol{r}' \tag{7.44}$$

$$Q_{ij} = \int \rho(\boldsymbol{r}')\left\{r_i'r_j' - \frac{1}{3}\delta_{ij}r'^2\right\}d\boldsymbol{r}'. \tag{7.45}$$

$\phi_0(\boldsymbol{r})$ は原点に全電荷が集中している場合の静電ポテンシャルを表している. $\phi_1(\boldsymbol{r})$ は電気双極子モーメント $\boldsymbol{p}$ による静電ポテンシャルである. Q_{ij} は電気四重極モーメントテンソルとよばれ, $\phi_2(\boldsymbol{r})$ は電気四重極モーメントによる静電ポテンシャルである.

7.3 ルジャンドルの陪微分方程式

次に, 式 (7.8) および (7.9) で m が正の整数である場合を考察する. 前と同様に, 変数 x を z, 解 Θ を w, 定数 b を $l(l+1)$ とし, l がゼロまたは正の整数である場合を考える.

$$\frac{d}{dz}\left\{(1-z^2)\frac{dw}{dz}\right\} + \left\{l(l+1) - \frac{m^2}{1-z^2}\right\}w = 0 \tag{7.46}$$

$$\Leftrightarrow (1-z^2)\frac{d^2w}{dz^2} - 2z\frac{dw}{dz} + \left\{l(l+1) - \frac{m^2}{1-z^2}\right\}w = 0. \tag{7.47}$$

この微分方程式をルジャンドルの陪微分方程式という.

ルジャンドルの微分方程式 (7.11) を m 回微分すると

$$(1-z^2)\frac{d^{m+2}w}{dz^{m+2}} - 2(m+1)z\frac{d^{m+1}w}{dz^{m+1}} + \{l(l+1) - m(m+1)\}\frac{d^m w}{dz^m} = 0$$

$$(7.48)$$

となる. したがって, $v = \frac{d^m w}{dz^m}$ とすると, v の満たすべき方程式は

$$(1-z^2)\frac{d^2 v}{dz^2} - 2(m+1)z\frac{dv}{dz} + \{l(l+1) - m(m+1)\}v = 0$$

で与えられる. ここで, 再び $w = (1-z^2)^{m/2}v$ によって関数 w を定義すると, w は式 (7.46) を満たすことがわかる. したがって, ルジャンドルの陪微分方程式の解 w は以下のように与えられる.

$$w = (1-z^2)^{m/2}\frac{d^m}{dz^m}P_l(z) \tag{7.49}$$

これをルジャンドルの陪関数といい, $P_l^m(z)$ と表す. $P_l(z)$ が l 次多項式であることから, $l \geq m$ でなければならない. 式 (7.46) より, $l \neq k$ の時

$$\int_{-1}^1 P_l^m(x)P_k^m(x)dx = 0 \tag{7.50}$$

であることがわかる. また, $l = k$ の場合には

$$\int_{-1}^1 \{P_l^m(x)\}^2\, dx$$

$$= \int_{-1}^1 (1-x^2)^m \frac{d^m}{dx^m}P_l(x)\frac{d^m}{dx^m}P_l(x)dx$$

$$= (-1)^m \int_{-1}^1 \frac{d^m}{dx^m}\left\{(1-x^2)^m\frac{d^m}{dx^m}P_l(x)\right\}P_l(x)dx$$

$$= (-1)^{m+l}\frac{1}{2^l l!}\int_{-1}^1 \frac{d^{m+l}}{dx^{m+l}}\left\{(1-x^2)^m\frac{d^m}{dx^m}P_l(x)\right\}(x^2-1)^l dx$$

$$= (-1)^l \frac{1}{2^l l!}(2l-1)!!\frac{(l+m)!}{(l-m)!}\int_{-1}^1 (x^2-1)^l dx$$

$$= \frac{2}{2l+1}\frac{(l+m)!}{(l-m)!} \tag{7.51}$$

と計算できる.

7.4 球面調和関数とルジャンドル多項式の加法定理

球面 $r = a$ 上でポテンシャル $f(a,\theta,\phi) = g(\theta,\phi)$ が与えられている場合に，球の内部または外部で 3 次元ラプラス方程式を満足するようなポテンシャルを求める問題を考える．式 (7.6) より，$R(r)$ が満たす微分方程式は $b = l(l+1)$ として

$$\frac{d}{dr}\left(r^2\frac{dR}{dr}\right) = l(l+1)R$$

であるから，特解は

$$R(r) = r^l, \quad R(r) = r^{-l-1}$$

で与えられる．したがって，ラプラス方程式の特解は

$$w_1(r) = r^l P_l^{|m|}(\cos\theta)e^{im\phi}, \tag{7.52}$$

$$w_2(r) = r^{-l-1} P_l^{|m|}(\cos\theta)e^{im\phi} \tag{7.53}$$

で与えられる．ただし，$l = 0,1,2,\cdots$ であり，m は整数で $|m| \leq l$ を満たす．球の内部または外部で有限であるという条件を課すと

$$f(r,\theta,\phi) = \begin{cases} \sum\limits_{l=0}^{\infty}\sum\limits_{m=-l}^{l} A_{lm}r^l P_l^{|m|}(\cos\theta)e^{im\phi} & (r \leq a), \\ \sum\limits_{l=0}^{\infty}\sum\limits_{m=-l}^{l} B_{lm}r^{-l-1} P_l^{|m|}(\cos\theta)e^{im\phi} & (r \geq a). \end{cases} \tag{7.54}$$

$r = a$ における境界条件は

$$g(\theta,\phi) = \sum_{l=0}^{\infty}\sum_{m=-l}^{l} \alpha_{lm}P_l^{|m|}(\cos\theta)e^{im\phi} \tag{7.55}$$

で表される．ただし，

$$\alpha_{lm} = A_{lm}a^l = \frac{B_{lm}}{a^{l+1}}.$$

すなわち，球面上の任意の連続関数は $P_l^{|m|}(\cos\theta)e^{im\phi}$ で展開できる．この関

数は，

$$\int_0^\pi d\theta \sin\theta \int_0^{2\pi} d\phi e^{im\phi} P_l^{|m|}(\cos\theta) e^{-im'\phi} P_{l'}^{|m'|}(\cos\theta)$$

$$= 2\pi\delta_{mm'} \int_{-1}^1 P_l^{|m|}(x) P_l^{|m'|}(x) dx$$

$$= \frac{4\pi}{2l+1} \frac{(l+|m|)!}{(l-|m|)!} \delta_{ll'}\delta_{mm'} \tag{7.56}$$

をみたすので，規格化定数を含めて，球面上で規格直交関係を満足する以下のような完全系を定義することができる．

$$Y_l^m(\theta,\phi) = \sqrt{\frac{(l-|m|)!}{(l+|m|)!}} \sqrt{\frac{2l+1}{4\pi}} (-1)^{(m+|m|)/2} P_l^{|m|}(\cos\theta) e^{im\phi}. \tag{7.57}$$

この関数を球面調和関数という．空間反転 $\theta \to \pi - \theta$, $\phi \to \phi + \pi$ のもとで，

$$Y_l^m(\pi-\theta,\phi+\pi) = (-1)^l Y_l^m(\theta,\phi) \tag{7.58}$$

と変換され，また，

$$Y_l^{-m}(\theta,\phi) = (-1)^m \left\{ Y_l^m(\theta,\phi) \right\}^* \tag{7.59}$$

を満たす[5]．

　球面調和関数を用いると，

$$g(\theta,\phi) = \sum_{l=0}^\infty \sum_{m=-l}^l \beta_{lm} Y_l^m(\theta,\phi), \tag{7.60}$$

$$\beta_{lm} = \int_0^\pi d\theta \sin\theta \int_0^{2\pi} d\phi g(\theta,\phi) \left\{ Y_l^m(\theta,\phi) \right\}^* \tag{7.61}$$

と表される．したがって，球の内部 $(r < a)$ のポテンシャル $f(r,\theta,\phi)$ は，

---

[5]　この関係は，式 (7.57) の符号の因子 $(-1)^{(m+|m|)/2}$ に起因する．

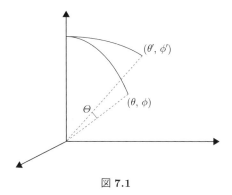

図 **7.1**

$$f(r,\theta,\phi) = \sum_{l=0}^{\infty} \sum_{m=-l}^{l} \int_0^{\pi} d\theta' \sin\theta' \int_0^{2\pi} d\phi' g(\theta',\phi') \left\{ Y_l^m(\theta',\phi') \right\}^* Y_l^m(\theta,\phi) \rho^l$$

$$(7.62)$$

と表される．ただし，$\rho = \frac{r}{a} < 1$ である．この式は，球面 $(r = a, \theta', \phi')$ にお
けるポテンシャルが球の内部 (r, θ, ϕ) のポテンシャルに及ぼす効果を表してい
る（図 7.1 参照）．

特に，$\theta = 0$ とおくと

$$Y_l^m(0,\phi) = \sqrt{\frac{2l+1}{4\pi}} \delta_{m0}$$

なので，式 (7.62) における二重和は次のように計算される．

$$\sum_{l=0}^{\infty} \sum_{m=-l}^{l} \left\{ Y_l^m(\theta',\phi') \right\}^* Y_l^m(0,\phi) \rho^l = \sum_{l=0}^{\infty} \frac{2l+1}{4\pi} P_l(\cos\theta') \rho^l. \qquad (7.63)$$

ラプラス方程式は回転に対して不変であるから座標軸の取り方には任意性があ
る．球面 $(r = a, \theta', \phi')$ 上のポテンシャルが球の内部 (r, θ, ϕ) に及ぼす効果は，
次の関係式を満たす相対角度 Θ にのみ依存するはずである．

$$\cos\Theta = \cos\theta\cos\theta' + \sin\theta\sin\theta'\cos(\phi - \phi'). \qquad (7.64)$$

したがって，式 (7.62) は

$$f(r,\theta,\phi) = \sum_{l=0}^{\infty} \int_0^\pi d\theta' \sin\theta' \int_0^{2\pi} d\phi' g(\theta',\phi') \frac{2l+1}{4\pi} P_l(\cos\Theta)\rho^l \qquad (7.65)$$

と書かれる. 式 (7.62) および (7.65) において, $g(\theta',\phi')$ が任意の関数である
ことを考慮すると, 以下のような恒等式が得られる.

$$P_l(\cos\Theta)$$

$$= \frac{4\pi}{2l+1} \sum_{m=-l}^{l} \left\{ Y_l^m(\theta',\phi') \right\}^* Y_l^m(\theta,\phi) \qquad (7.66)$$

$$= P_l(\cos\theta)P_l(\cos\theta') + 2\sum_{m=1}^{l} \frac{(l-m)!}{(l+m)!} P_l^m(\cos\theta)P_l^m(\cos\theta')\cos m(\phi-\phi')$$

$$(7.67)$$

この等式をルジャンドル多項式の加法定理とよぶ.

なお, 式 (7.65) における級数は

$$\sum_{l=0}^{\infty}(2l+1)P_l(\cos\Theta)\rho^l = \left(1+2\rho\frac{d}{d\rho}\right)\frac{1}{\sqrt{1-2\rho\cos\Theta+\rho^2}}$$

$$= \frac{1-\rho^2}{(1-2\rho\cos\Theta+\rho^2)^{3/2}} \qquad (7.68)$$

と計算されるので, 式 (7.65) は

$$f(r,\theta,\phi) = \frac{1}{4\pi}\int_0^\pi d\theta' \sin\theta' \int_0^{2\pi} d\phi' g(\theta',\phi') \frac{1-\rho^2}{(1-2\rho\cos\Theta+\rho^2)^{3/2}} \quad (7.69)$$

と書かれる. なお, $r > a$ の解は $\rho' = \frac{a}{r}$ として,

$$f(r,\theta,\phi) = \frac{1}{4\pi}\int_0^\pi d\theta' \sin\theta' \int_0^{2\pi} d\phi' g(\theta',\phi') \frac{1-\rho'^2}{(1-2\rho'\cos\Theta+\rho'^2)^{3/2}}\rho'$$

$$(7.70)$$

で与えられる.

第8章

超幾何関数

8.1 超幾何微分方程式とその解

方程式

$$z(1-z)\frac{d^2w}{dz^2} + \{\gamma - (1+\alpha+\beta)z\}\frac{dw}{dz} - \alpha\beta w = 0 \tag{8.1}$$

$$\Leftrightarrow \frac{d^2w}{dz^2} + \frac{-\gamma + (1+\alpha+\beta)z}{z(z-1)}\frac{dw}{dz} + \frac{\alpha\beta}{z(z-1)}w = 0 \tag{8.2}$$

を超幾何微分方程式あるいはガウスの方程式という．$z=0$ と $z=1$ がこの微分方程式の確定特異点であることは明白であるが，$z=\zeta^{-1}$ と変数変換すると上の方程式は，

$$\frac{d^2w}{d\zeta^2} + \frac{(-1+\alpha+\beta)+(2-\gamma)\zeta}{\zeta(\zeta-1)}\frac{dw}{d\zeta} - \frac{\alpha\beta}{\zeta^2(\zeta-1)}w = 0 \tag{8.3}$$

と書かれるので，$\zeta=0$ すなわち $z=\infty$ も確定特異点となっている．以下で，超幾何微分方程式の解を求める．

まず，$z=0$ 近傍の解を考察する．解の形を

$$w = z^\rho \sum_{\nu=0}^{\infty} a_\nu z^\nu \tag{8.4}$$

とおいて，(8.1) または (8.2) に代入すると基本方程式および係数の漸化式は以下のように与えられる．

$$\rho(\rho - 1) + \gamma\rho = 0, \tag{8.5}$$

$$(\rho + \nu + 1)(\rho + \nu + \gamma)a_{\nu+1} = (\rho + \nu + \alpha)(\rho + \nu + \beta)a_\nu. \tag{8.6}$$

基本方程式の解は $\rho = 0$, $\rho = 1 - \gamma$ である．以下では，γ が 0 または負の整数でないものとする．この場合には，$\rho = 0$ に対応する解が存在し，以下のように与えられる．

$$w_1 = 1 + \frac{\alpha\beta}{1 \cdot \gamma}z + \frac{\alpha(\alpha + 1)\beta(\beta + 1)}{1 \cdot 2 \cdot \gamma(\gamma + 1)}z^2 + \frac{\alpha(\alpha + 1)(\alpha + 2)\beta(\beta + 1)(\beta + 2)}{1 \cdot 2 \cdot 3 \cdot \gamma(\gamma + 1)(\gamma + 2)}z^3$$

$$+ \cdots$$

$$= \sum_{n=0}^{\infty} \frac{[\alpha]_n [\beta]_n}{n![\gamma]_n}z^n \tag{8.7}$$

$$= \frac{\Gamma(\gamma)}{\Gamma(\alpha)\Gamma(\beta)} \sum_{n=0}^{\infty} \frac{\Gamma(\alpha + n)\Gamma(\beta + n)}{n!\Gamma(\gamma + n)}z^n. \tag{8.8}$$

ここで，$a_0 = 1$ とした．また，

$$[\lambda]_n = \lambda(\lambda + 1) \cdots (\lambda + n - 1) = \frac{\Gamma(\lambda + n)}{\Gamma(\lambda)} \tag{8.9}$$

を用いた．この関数を超幾何関数とよび，$F(\alpha, \beta, \gamma; z)$ と書く．

$$\lim_{\nu \to \infty} \left| \frac{a_\nu}{a_{\nu+1}} \right| = \lim_{\nu \to \infty} \left| \frac{(\nu + 1)(\nu + \gamma)}{(\nu + \alpha)(\nu + \beta)} \right| = 1 \tag{8.10}$$

なので，超幾何級数の収束半径は 1 である．

$z = 0$ 近傍のもう一つの解を求めるために $w = z^{1-\gamma}v$ とおくと，関数 v の満たす微分方程式は

$$\frac{d^2v}{dz^2} + \frac{-2 + \gamma + (3 - 2\gamma + \alpha + \beta)z}{z(z - 1)}\frac{dv}{dz} + \frac{(1 - \gamma + \alpha)(1 - \gamma + \beta)}{z(z - 1)}v = 0 \tag{8.11}$$

となる．この微分方程式は式 (8.2) において，$\alpha \to 1 - \gamma + \alpha$, $\beta \to 1 - \gamma + \beta$, $\gamma \to 2 - \gamma$ の置き換えを行なったものとなっている．したがって，式 (8.11) は

$$v = F(1 - \gamma + \alpha, 1 - \gamma + \beta, 2 - \gamma; z)$$

の解を持っている．したがって，もう一つの解は

$$w_2 = z^{1-\gamma} F(1 - \gamma + \alpha, 1 - \gamma + \beta, 2 - \gamma; z) \tag{8.12}$$

が得られる.

次に $z = 1$ 近傍の解を求める. $z = 1 - \xi$ とおいて式 (8.2) を変換すると,

$$\frac{d^2 w}{d\xi^2} + \frac{-(1 - \gamma + \alpha + \beta) + (1 + \alpha + \beta)\xi}{\xi(\xi - 1)} \frac{dw}{d\xi} + \frac{\alpha\beta}{\xi(\xi - 1)} w = 0 \tag{8.13}$$

が得られるが, この方程式は式 (8.2) において $\gamma \to 1 - \gamma + \alpha + \beta$ の置き換えをしたものに等しい. したがって,

$$w_1 = F(\alpha, \beta, 1 - \gamma + \alpha + \beta; 1 - z), \tag{8.14}$$

$$w_2 = (1 - z)^{\gamma - \alpha - \beta} F(\gamma - \beta, \gamma - \alpha, 1 + \gamma - \alpha - \beta; 1 - z) \tag{8.15}$$

が $z = 1$ 近傍の解となっている.

一方 $z = \infty$ 近傍の解は以下の方法で得られる. 式 (8.3) において, $w = \zeta^\alpha v$ とおくと v の満たすべき方程式は

$$\frac{d^2 v}{d\zeta^2} + \frac{-(1 + \alpha - \beta) + (2 - \gamma + 2\alpha)\zeta}{\zeta(\zeta - 1)} \frac{dv}{d\zeta} + \frac{\alpha(1 - \gamma + \alpha)}{\zeta(\zeta - 1)} v = 0 \tag{8.16}$$

で与えられる. これは, 式 (8.2) と比較すると, $\beta \to 1 - \gamma + \alpha, \gamma \to 1 + \alpha - \beta$ となっているので, $z = \infty$ 近傍では

$$w_1 = \frac{1}{z^\alpha} F\left(\alpha, 1 - \gamma + \alpha, 1 + \alpha - \beta; \frac{1}{z}\right), \tag{8.17}$$

$$w_2 = \frac{1}{z^\beta} F\left(\beta, 1 - \gamma + \beta, 1 - \alpha + \beta; \frac{1}{z}\right) \tag{8.18}$$

が解となっている.

最後に超幾何級数 $F(\alpha, \beta, \gamma; z)$ の積分による表示を求める. そのため, $|z| < 1$ に対して以下のような積分 $I(\alpha, \beta, \gamma; z)$ を考察する.

$$I(\alpha, \beta, \gamma; z) = \int_0^1 t^{\alpha-1} (1 - t)^{\gamma - \alpha - 1} (1 - zt)^{-\beta} dt \tag{8.19}$$

ただし, $\mathrm{Re}\, \gamma > \mathrm{Re}\, \alpha > 0$ とする. 被積分関数の中の $(1 - zt)^{-\beta}$ を t について展開した後, 積分を実行する.

$$I(\alpha,\beta,\gamma;z) = \int_0^1 t^{\alpha-1}(1-t)^{\gamma-\alpha-1}\sum_{n=0}^\infty \frac{[\beta]_n}{n!}t^n z^n dt$$

$$= \sum_{n=0}^\infty \frac{[\beta]_n}{n!}z^n \int_0^1 t^{\alpha+n-1}(1-t)^{\gamma-\alpha-1}dt$$

$$= \sum_{n=0}^\infty \frac{[\beta]_n}{n!}z^n B(\alpha+n,\gamma-\alpha)$$

$$= \frac{\Gamma(\gamma-\alpha)\Gamma(\alpha)}{\Gamma(\gamma)}\sum_{n=0}^\infty \frac{[\alpha]_n[\beta]_n}{n![\gamma]_n}z^n \tag{8.20}$$

式 (8.20) の級数は超幾何級数（式 (8.7) 参照）に他ならない．したがって，以下のような $F(\alpha,\beta,\gamma;z)$ の積分による表示が得られる．

$$F(\alpha,\beta,\gamma;z) = \frac{\Gamma(\gamma)}{\Gamma(\gamma-\alpha)\Gamma(\alpha)}\int_0^1 t^{\alpha-1}(1-t)^{\gamma-\alpha-1}(1-zt)^{-\beta}dt \tag{8.21}$$

さらに，4.3 節で用いた議論に従うと，式 (8.21) の積分は以下の複素積分に書き換えることができる．

$$F(\alpha,\beta,\gamma;z) = \frac{\Gamma(\gamma)}{\Gamma(\gamma-\alpha)\Gamma(\alpha)}\frac{1}{(1-e^{i2\pi\alpha})(1-e^{i2\pi(\gamma-\alpha)})}$$
$$\int_L t^{\alpha-1}(1-t)^{\gamma-\alpha-1}(1-zt)^{-\beta}dt \tag{8.22}$$

ここで，L は図 4.7 で定義された積分経路であり，この中に $t=\frac{1}{z}$ は含まない．この複素積分は Re $\gamma >$ Re $\alpha > 0$ の条件がなくても収束する．従って，式 (8.22) は式 (8.21) の解析接続となっている．

8.2 ヤコビの多項式

式 (8.8) の超幾何級数 $F(\alpha,\beta,\gamma;z)$ が有限項の級数となる場合を考える．これは，α もしくは β が 0 または負の整数になるときに実現される．ここでは $\beta = -n = 0, -1, -2, \cdots$ としよう．さらに，$\alpha = p+n$，$\gamma = q$ とおいて新しいパラメータ p と q を導入する．すると，以下のような n 次多項式が得られる．

$$G_n(p, q; z) \equiv F(p + n, -n, q; z)$$

$$= \sum_{m=0}^{n} (-1)^m \frac{n!}{m!(n-m)!} \frac{[p+n]_m}{[q]_m} z^m \tag{8.23}$$

$$= \frac{\Gamma(q)}{\Gamma(p+n)} \sum_{m=0}^{n} (-1)^m \frac{n!}{m!(n-m)!} \frac{\Gamma(p+n+m)}{\Gamma(q+m)} z^m. \tag{8.24}$$

この多項式をヤコビの多項式という．なお，z^n の係数が 0 になったり各項の分母が 0 になったりしないように，p や q は負の整数に等しくないとし，かつ $q \neq 0$ とする．$w = G_n(p, q; z)$ の満たすべき方程式は

$$z(1-z)\frac{d^2w}{dz^2} + \{q - (p+1)z\}\frac{dw}{dz} + n(p+n)w = 0 \tag{8.25}$$

$$\Leftrightarrow \frac{d}{dz}\left\{ z^q(1-z)^{p-q+1}\frac{dw}{dz} \right\} + z^{q-1}(1-z)^{p-q}n(p+n)w = 0 \tag{8.26}$$

で与えられる．

変数 z を実数 x として，式 (8.26) から，$q > 0$，$p - q + 1 > 0$ の場合にヤコビ多項式の直交関係を導出する．式 (8.26) において，$w = G_n(p, q; x)$ および $w = G_k(p, q; x)$ とおいた式を書き下すと，

$$\frac{d}{dx}\left\{ x^q(1-x)^{p-q+1}\frac{dG_n(p,q;x)}{dx} \right\} + x^{q-1}(1-x)^{p-q}n(p+n)G_n(p,q;x) = 0,$$

$$\frac{d}{dx}\left\{ x^q(1-x)^{p-q+1}\frac{dG_k(p,q;x)}{dx} \right\} + x^{q-1}(1-x)^{p-q}k(p+k)G_k(p,q;x) = 0$$

となる．上の式に $G_k(p, q; x)$ を掛けた式から下の式に $G_n(p, q; x)$ を掛けた式を引いて，その式を x について 0 から 1 まで積分すると，

$$(n-k)(n+k+p)\int_0^1 x^{q-1}(1-x)^{p-q}G_n(p,q;x)G_k(p,q;x)dx = 0 \tag{8.27}$$

となるため，$n \neq k$ の場合には

$$\int_0^1 x^{q-1}(1-x)^{p-q}G_n(p,q;x)G_k(p,q;x)dx = 0 \tag{8.28}$$

が成り立つ．次に，$n = k$ の場合を計算する．ヤコビの多項式は以下のように与えられる．

$$G_n(p, q; z) = \frac{z^{1-q}(1-z)^{q-p}}{[q]_n} \frac{d^n}{dz^n} \left\{ z^{q+n-1}(1-z)^{p+n-q} \right\} \tag{8.29}$$

この式の証明は以下のとおりである．式 (8.29) の右辺は n 次多項式であり，$z = 0$ の時に 1 となる．したがって，右辺が微分方程式 (8.26) を満たすことを示せばよい．これを実行するため，まず $u(z) = z^{q+n+1}(1-z)^{p+n-q}$ を定義すると，この関数は

$$z(1-z)u^{(1)}(z) = \{q + n - 1 - (2n + p - 1)z\}\, u(z) \tag{8.30}$$

を満たす．この式の両辺をさらに $n+1$ 回微分すると，以下の式が得られる．

$$z(1-z)u^{(n+2)}(z) + \{2 - q + (p-3)z\}\, u^{(n+1)}(z)$$
$$+ (n+1)(n+p-1)u^{(n)}(z) = 0 \tag{8.31}$$

一方，$w(z) = z^{1-q}(1-z)^{q-p}u^{(n)}(z)$ と置くと，

$$z^q(1-z)^{p-q+1}\frac{dw}{dz} = \{1 - q + (p-1)z\}\, u^{(n)}(z) + z(1-z)u^{(n+1)}(z) \tag{8.32}$$

が得られ，この式をもう一度微分し，(8.31) を用いると，

$$\frac{d}{dz}\left\{ z^q(1-z)^{p-q+1}\frac{dw}{dz} \right\}$$
$$= (p-1)u^{(n)}(z) + \{2 - q + (p-3)z\}\, u^{(n+1)}(z) + z(1-z)u^{(n+2)}(z)$$
$$= -n(n+p)z^{q-1}(1-z)^{p-q}w \tag{8.33}$$

となる．このように，$w(z)$ すなわち (8.29) の右辺は微分方程式 (8.26) を満たす．式 (8.29) より，

$$\int_0^1 x^{q-1}(1-x)^{p-q}G_n(p,q;x)^2 dx$$

$$= \frac{1}{[q]_n}\int_0^1 G_n(p,q;x)\frac{d^n}{dx^n}\left\{x^{q+n-1}(1-x)^{p+n-q}\right\}dx$$

$$= \frac{(-1)^n}{[q]_n}\int_0^1 \frac{d^n}{dx^n}G_n(p,q;x)\left\{x^{q+n-1}(1-x)^{p+n-q}\right\}dx$$

$$= \frac{1}{([q]_n)^2}[n+p]_n n!B(q+n,p+n-q+1)$$

$$= \frac{1}{p+2n}\frac{\Gamma(n+1)\Gamma(q)^2\Gamma(p+n-q+1)}{\Gamma(p+n)\Gamma(q+n)} \tag{8.34}$$

が得られる. ここで, $G_n(p,q;x)$ は n 次多項式であり, その n 次の項は

$$G_n(p,q;x) \sim (-1)^n\frac{[n+p]_n}{[q]_n}x^n \tag{8.35}$$

であることを用いた.

8.3 合流型超幾何微分方程式

先に述べたように, 超幾何微分方程式 (8.1) は, 3 つの確定特異点 0, 1, ∞ を持つ. 変数変換 $\zeta = \beta z$ を行うと, 微分方程式は

$$\zeta\left(1-\frac{\zeta}{\beta}\right)\frac{d^2w}{d\zeta^2}+\left(\gamma-\frac{1+\alpha+\beta}{\beta}\zeta\right)\frac{dw}{d\zeta}-\alpha w = 0 \tag{8.36}$$

となり, 確定特異点は 0, β, ∞ に移る. ここで, $\beta \to \infty$ とし, 特異点 β を ∞ に合流させると, 以下のような方程式が得られる.

$$z\frac{d^2w}{dz^2}+(\gamma-z)\frac{dw}{dz}-\alpha w = 0 \tag{8.37}$$

ここで, ζ を z と書き直している. この方程式を合流型超幾何微分方程式という. 合流型超幾何微分方程式の確定特異点は $z = 0$ だけであり, $z = \infty$ は確定特異点でない. 式 (8.37) の一つの解を $F(\alpha,\gamma;z)$ と書くと, 式 (8.8) より

$$w_1 = F(\alpha,\gamma;z) = \lim_{\beta\to\infty}F\left(\alpha,\beta,\gamma;\frac{z}{\beta}\right) = \sum_{n=0}^{\infty}\frac{[\alpha]_n}{[\gamma]_n n!}z^n \tag{8.38}$$

で与えられる. ただし, γ は 0 または負の整数でないとする. ここで,

$\lim_{\beta \to \infty} [\beta]_n / \beta^n = 1$ を用いた．さらに，γ が正の整数でないとするともう一つ
の解は

$$w_2 = z^{1-\gamma} F(1 - \gamma + \alpha, 2 - \gamma, z) = z^{1-\gamma} \sum_{n=0}^{\infty} \frac{[1 - \gamma + \alpha]_n}{[2 - \gamma]_n n!} z^n \tag{8.39}$$

γ が整数でない場合には，このようにして二つの解が得られる．

　$F(\alpha, \gamma; z)$ の積分表示は，式 (8.38) を用いて以下のように得られる．式
(8.21) より，$\mathrm{Re}\,\gamma > \mathrm{Re}\,\alpha > 0$ の場合には，

$$\begin{aligned}
F(\alpha, \gamma; z) &= \frac{\Gamma(\gamma)}{\Gamma(\gamma - \alpha)\Gamma(\alpha)} \int_0^1 t^{\alpha-1} (1-t)^{\gamma-\alpha-1} \lim_{\beta \to \infty} \left(1 - \frac{zt}{\beta}\right)^{-\beta} dt \\
&= \frac{\Gamma(\gamma)}{\Gamma(\gamma - \alpha)\Gamma(\alpha)} \int_0^1 t^{\alpha-1} (1-t)^{\gamma-\alpha-1} e^{zt} dt
\end{aligned} \tag{8.40}$$

が得られる．また，式 (8.22) より

$$\begin{aligned}
F(\alpha, \gamma; z) = {}& \frac{\Gamma(\gamma)}{\Gamma(\gamma - \alpha)\Gamma(\alpha)} \frac{1}{(1 - e^{i2\pi\alpha})(1 - e^{i2\pi(\gamma-\alpha)})} \\
& \int_L t^{\alpha-1} (1-t)^{\gamma-\alpha-1} e^{zt} dt
\end{aligned} \tag{8.41}$$

ここで，L は図 4.7 で定義された積分経路である．

8.4　ラゲールの多項式

　微分方程式

$$z \frac{d^2 w}{dz^2} + (1 - z) \frac{dw}{dz} + \lambda w = 0 \tag{8.42}$$

をラゲールの微分方程式という．この方程式は合流型超幾何微分方程式 (8.37)
において，$\gamma = 1$, $\alpha = -\lambda$ と書き換えたものである．この方程式の一つの解
は，式 (8.38) より

$$w_1 = F(-\lambda, 1; z) = \sum_{n=0}^{\infty} \frac{[-\lambda]_n}{(n!)^2} z^n \tag{8.43}$$

によって与えられる．特に $\lambda = n \ (n = 0, 1, 2, \cdots)$ の場合には，式 (8.43) は n

次多項式となる．$z = 0$ の値が $n!$ になるように定数を掛けたものをラゲールの多項式と呼び，$L_n(z)^{1)}$ と書く．

$$L_n(z) = n! \sum_{m=0}^{n} \frac{[-n]_m}{(m!)^2} z^m$$

$$= \sum_{l=0}^{n} (-1)^{n-l} \left\{ \frac{n!}{(n-l)!} \right\}^2 \frac{z^{n-l}}{l!} \tag{8.44}$$

$$= e^z \frac{d^n}{dz^n} z^n e^{-z} \tag{8.45}$$

グルサの積分公式（コーシーの積分公式 (1.69)）を用いると，

$$e^{-z} L_n(z) = \frac{n!}{2\pi i} \oint_{C_1} \frac{\zeta^n e^{-\zeta}}{(\zeta - z)^{n+1}} d\zeta \tag{8.46}$$

ここで積分経路 C_1 は $\zeta = z$ を反時計回りに一周する経路である．次に，変数変換

$$\zeta - z = \frac{zt}{1-t} \Leftrightarrow t = \frac{\zeta - z}{\zeta} \tag{8.47}$$

を行う．すると，式 (8.46) は

$$\frac{L_n(z)}{n!} = \frac{1}{2\pi i} \oint_{C_2} \frac{e^{-zt/(1-t)}}{1-t} \frac{dt}{t^{n+1}} \tag{8.48}$$

と書き換えられる．積分経路 C_2 は原点を反時計回りに一周する経路である．この式は，

$$\frac{e^{-zt/(1-t)}}{1-t} = \sum_{n=0}^{\infty} \frac{L_n(z)}{n!} t^n \tag{8.49}$$

と等価である．これをラゲール多項式の母関数表示という．

次にラゲール多項式の直交関係および規格化積分を考える．まず，ラゲールの微分方程式 (8.42) を以下のように書き換える．

---

1) $L_n(z)/n!$ を $L_n(z)$ と書いてある文献もある．その場合には $L_n(0) = 1$ となる．例えば，ジョージ・アルフケン，ハンス・ウェーバー著，権平健一郎，神原武士，小山直人訳『特殊関数』講談社，2001.

$$\frac{d}{dz}\left(ze^{-z}\frac{dw}{dz}\right) + \lambda e^{-z}w = 0 \tag{8.50}$$

ここで，変数 z を実数 x に変更し，$\lambda = n$ の場合の解を $w = L_n(x)$，$\lambda = k$ の場合の解を $w = L_k(x)$ とすると，

$$\frac{d}{dx}\left(xe^{-x}\frac{dL_n(x)}{dx}\right) + ne^{-x}L_n(x) = 0,$$

$$\frac{d}{dx}\left(xe^{-x}\frac{dL_k(x)}{dx}\right) + ke^{-x}L_k(x) = 0.$$

上式に $L_k(x)$，下式に $L_n(x)$ を掛けて引き算をし，x について 0 から ∞ まで積分すると

$$\int_0^\infty \left\{ \frac{d}{dx}\left(xe^{-x}\frac{dL_n(x)}{dx}\right)L_k(x) - \frac{d}{dx}\left(xe^{-x}\frac{dL_k(x)}{dx}\right)L_n(x) \right\}dx$$

$$= (k-n)\int_0^\infty e^{-x}L_n(x)L_k(x)dx \tag{8.51}$$

が得られる．部分積分を行うことにより上式の左辺はゼロとなるから，

$$\int_0^\infty e^{-x}L_n(x)L_k(x)dx = 0 \quad (n \neq k) \tag{8.52}$$

であることがわかる．一方，$n = k$ の場合には以下のように積分が実行される．

$$\int_0^\infty e^{-x}\{L_n(x)\}^2\,dx = \int_0^\infty \frac{d^n}{dx^n}\left(x^n e^{-x}\right)L_n(x)dx$$

$$= (-1)^n\int_0^\infty x^n e^{-x}\frac{d^n}{dx^n}L_n(x)dx$$

$$= n!\int_0^\infty x^n e^{-x}dx$$

$$= (n!)^2 \tag{8.53}$$

ここで，最初の等号では式 (8.45) を用い，3 番目の等号では式 (8.44) を用いた．まとめると，

$$\int_0^\infty e^{-x}L_n(x)L_k(x)dx = (n!)^2\delta_{nk} \tag{8.54}$$

となる.

次の手順によって，種々の漸化式が得られる．まず，母関数表示 (8.49) の両辺を z で微分することによって，

$$\frac{d}{dz}L_n(z) = n\frac{d}{dz}L_{n-1}(z) - nL_{n-1}(z) \tag{8.55}$$

が得られ，(8.49) の両辺を t で微分することによって，

$$L_{n+1}(z) - (2n+1-z)L_n(z) + n^2 L_{n-1}(z) = 0 \tag{8.56}$$

が得られる．さらに (8.56) を z で微分し，(8.55) を用いると

$$z\frac{d}{dz}L_n(z) = nL_n(z) - n^2 L_{n-1}(z) \tag{8.57}$$

が得られる．

ラゲールの微分方程式 (8.42) のもう一つの解は以下の手順で得られる．(8.42) に $w = z^\rho \sum_{\nu=0}^{\infty} a_\nu z^\nu$ を代入すると，$\rho_1 = \rho_2 = 0$ が得られる．したがって，式 (5.25) を用いてもう一つの解が与えられる．係数 a_ν の漸化式

$$a_{\nu+1}(\rho+\nu+1)^2 = a_\nu(\rho+\nu-\lambda) \quad (\nu = 0,1,2,\cdots)$$

より，$a_0 = 1$ として

$$a_\nu(\rho) = \frac{(\rho+\nu-\lambda-1)}{(\rho+\nu)^2} \cdot \frac{(\rho+\nu-\lambda-2)}{(\rho+\nu-1)^2} \cdots \frac{(\rho-\lambda+1)}{(\rho+2)^2} \cdot \frac{(\rho-\lambda)}{(\rho+1)^2} \tag{8.58}$$

が得られる．

$$\frac{\partial}{\partial\rho}a_\nu(\rho)\bigg|_{\rho=0} = (-1)^\nu \frac{\lambda(\lambda-1)\cdots(\lambda-\nu+1)}{(\nu!)^2}$$
$$\times \left\{ -\frac{1}{\lambda} - \frac{1}{\lambda-1} - \cdots - \frac{1}{\lambda-\nu+1} - 2\left(\frac{1}{\nu} + \frac{1}{\nu-1} + \cdots + 1\right) \right\} \tag{8.59}$$

なので，ラゲールの微分方程式のもう一つの解は

$$w_2 = F(-\lambda, 1; z) \log z - \sum_{\nu=0}^{\infty} (-1)^{\nu} \frac{\lambda(\lambda-1)\cdots(\lambda-\nu+1)}{(\nu!)^2}$$
$$\times \left\{ \frac{1}{\lambda} + \frac{1}{\lambda-1} + \cdots + \frac{1}{\lambda-\nu+1} + 2\left(\frac{1}{\nu} + \frac{1}{\nu-1} + \cdots + 1\right) \right\} z^{\nu} \tag{8.60}$$

によって与えられる. $\lambda = n$ の場合には, 第 2 項は n 次多項式となる.

　変数が実数 x のラゲールの微分方程式を解く際に, $x = 0$ および $x = \infty$ で $e^{-x/2} w(x)$ が有限であるという境界条件が付けられる場合が多々ある. 式 (8.60) は $x = 0$ で発散するため, $x = 0$ で有界な解を与えるのは $F(-\lambda, 1; x)$ である. さらに, λ が実数の場合には, $x = \infty$ で $e^{-x/2} F(-\lambda, 1; x)$ が有限となるのは, $F(-\lambda, 1; x)$ が多項式となる場合, すなわち $\lambda = n = 0, 1, 2, \cdots$ の場合だけである[2].

8.5　ラゲールの陪関数

　微分方程式 (8.37) に戻って, $\gamma = m+1 = 1, 2, 3, \cdots$ の場合を考察する. この時, $\alpha = -\lambda + m$ とおくと, 微分方程式は

$$z\frac{d^2 w}{dz^2} + (m+1-z)\frac{dw}{dz} + (\lambda - m)w = 0 \tag{8.61}$$
$$\Leftrightarrow \frac{d}{dz}\left(z^{m+1} e^{-z} \frac{dw}{dz}\right) + (\lambda - m)z^m e^{-z} w = 0 \tag{8.62}$$

となる. これをラゲールの陪微分方程式という. この式はラゲールの微分方程式 (8.42) を m 回微分することによって得られる. すなわち,

$$z\frac{d^{m+2} w}{dz^{m+2}} + (m+1-z)\frac{d^{m+1} w}{dz^{m+1}} + (\lambda - m)\frac{d^m w}{dz^m} = 0 \tag{8.63}$$

したがって, $\lambda = n = 0, 1, 2, \cdots$ の場合には,

$$w = \frac{d^m}{dz^m} L_n(z) \equiv L_n^m(z) \tag{8.64}$$

2)　永宮健夫著『応用微分方程式論』共立出版, 1967., 福山秀敏・小形正男著『物理数学 I』朝倉書店, 2003.

が解となる．これをラゲールの陪関数といい，$n - m$ 次の多項式である[3]．

式 (8.49) を z で m 回微分することによって，

$$\frac{e^{-zt/(1-t)}}{(1-t)^{m+1}} = (-1)^m \sum_{n=0}^{\infty} \frac{L_{n+m}^m(z)}{(n+m)!} t^n \tag{8.65}$$

を導くことができる．また，以下のような積分が成立する．

$$\int_0^{\infty} x^m e^{-x} L_n^m(x) L_k^m(x) dx = \delta_{kn} \frac{(n!)^3}{(n-m)!}, \tag{8.66}$$

$$\int_0^{\infty} x^{m+1} e^{-x} \{L_n^m(x)\}^2 dx = \frac{(n!)^3}{(n-m)!} (2n - m + 1). \tag{8.67}$$

式 (8.66) の証明は以下のとおりである．(8.62) より，$L_n^m(x)$ および $L_k^m(x)$ の満たすべき方程式はそれぞれ以下のように与えられる．

$$\frac{d}{dx} \left(x^{m+1} e^{-x} \frac{dL_n^m}{dx} \right) + (n - m) x^m e^{-x} L_n^m = 0,$$

$$\frac{d}{dx} \left(x^{m+1} e^{-x} \frac{dL_k^m}{dx} \right) + (k - m) x^m e^{-x} L_k^m = 0.$$

第 1 式に $L_k^m(x)$，第 2 式に $L_n^m(x)$ を掛けて引き算を行い，得られた式を $0 < x < \infty$ の範囲で積分し，さらに部分積分を実行すると

$$(n - k) \int_0^{\infty} x^m e^{-x} L_n^m(x) L_k^m(x) dx = 0$$

が得られる．したがって，$n \neq k$ の場合

$$\int_0^{\infty} x^m e^{-x} L_n^m(x) L_k^m(x) dx = 0 \tag{8.68}$$

となる．$k = n$ の場合は次のように計算される．

---

[3] $L_n^m(z) = (-1)^m \dfrac{d^m}{dz^m} L_{n+m}(z)$ によって定義している文献もある．例えば，坂井典佑著『量子力学 I』培風館，1999.，ジョージ・アルフケン，ハンス・ウェーバー著，権平健一郎，神原武士，小山直人訳『特殊関数』講談社，2001. これは式 (8.61) において $\lambda = n + m$ の場合の解であり，n 次多項式となっている．

$$\int_0^\infty x^m e^{-x} L_n^m(x) L_n^m(x) dx$$

$$= \int_0^\infty x^m e^{-x} L_n^m(x) \frac{d^m}{dx^m} L_n(x) dx$$

$$= (-1)^m \int_0^\infty \frac{d^m}{dx^m} (x^m e^{-x} L_n^m(x)) L_n(x) dx$$

$$= (-1)^m \int_0^\infty e^{-x} \left(\frac{d}{dx} - 1 \right)^m \{ x^m L_n^m(x) \} L_n(x) dx$$

$$= (-1)^{m+n} \int_0^\infty \left(\frac{d}{dx} - 1 \right)^m \frac{d^n}{dx^n} \{ x^m L_n^m(x) \} x^n e^{-x} dx$$

$$= \frac{(n!)^3}{(n-m)!} \tag{8.69}$$

ここで，任意の関数 $f(x)$ に対して

$$\frac{d^n}{dx^n} \{ f(x) e^{-x} \} = \sum_{r=0}^n \frac{n!}{(n-r)! r!} \left(\frac{d^r}{dx^r} f \right) \left(\frac{d^{n-r}}{dx^{n-r}} e^{-x} \right)$$

$$= e^{-x} \sum_{r=0}^n \frac{n!}{(n-r)! r!} (-1)^{n-r} \left(\frac{d^r}{dx^r} f \right)$$

$$= e^{-x} \left(\frac{d}{dx} - 1 \right)^n f(x)$$

の関係式が成立すること，$x^m L_n^m(x)$ は n 次多項式であり，その n 次の項は

$$x^m L_n^m(x) \sim (-1)^n \frac{n!}{(n-m)!} x^n$$

で与えられることを用いた．一方，式 (8.67) は以下のように計算される．

$$\int_0^\infty x^{m+1} e^{-x} L_n^m(x) L_n^m(x) dx$$

$$= (-1)^{m+n} \int_0^\infty \left(\frac{d}{dx} - 1 \right)^m \frac{d^n}{dx^n} \{ x^{m+1} L_n^m(x) \} x^n e^{-x} dx \tag{8.70}$$

ここで，$x^{m+1} L_n^m(x)$ は $n+1$ 次多項式であり，その $n+1$ 次と n 次の項は

$$x^{m+1} L_n^m(x) \sim (-1)^n \left\{ \frac{n!}{(n-m)!} x^{n+1} - \frac{n^2 (n-1)!}{(n-1-m)!} x^n \right\}$$

で与えられる．したがって，

$$\left(\frac{d}{dx} - 1\right)^m \frac{d^n}{dx^n}\left\{x^{m+1}L_n^m(x)\right\}$$
$$= (-1)^{n+m}\frac{(n!)^2}{(n-m)!}\left\{(n+1)x - n^2 - m\right\}$$

上式を (8.70) に代入し積分を実行すると,

$$\int_0^\infty x^{m+1}e^{-x}L_n^m(x)L_n^m(x)dx$$
$$= \frac{(n!)^2}{(n-m)!}\int_0^\infty \left\{(n+1)x - n^2 - m\right\}x^n e^{-x}dx$$
$$= \frac{(n!)^2}{(n-m)!}\left\{(n+1)(n+1)! - (n^2+m)n!\right\}$$

より, 式 (8.67) が得られる.

8.6 エルミート多項式

合流型超幾何微分方程式 (8.37) にもどり, $z = \xi^2$ と変数変換すると, 以下の微分方程式が得られる.

$$\frac{d^2w}{d\xi^2} + \left(\frac{2\gamma-1}{\xi} - 2\xi\right)\frac{dw}{d\xi} - 4\alpha w = 0. \tag{8.71}$$

ここで, $\gamma = \frac{1}{2}$, $-2\alpha = \lambda$ とおいた式

$$\frac{d^2w}{d\xi^2} - 2\xi\frac{dw}{d\xi} + 2\lambda w = 0 \tag{8.72}$$

をエルミートの微分方程式という. その解は (8.38) および (8.39) より

$$w_1 = F\left(-\frac{\lambda}{2}, \frac{1}{2}; \xi^2\right) = \sum_{\nu=0}^\infty \frac{[-\lambda/2]_\nu}{[1/2]_\nu \nu!}\xi^{2\nu}, \tag{8.73}$$

$$w_2 = \xi F\left(\frac{-\lambda+1}{2}, \frac{3}{2}; \xi^2\right) = \sum_{\nu=0}^\infty \frac{[(-\lambda+1)/2]_\nu}{[3/2]_\nu \nu!}\xi^{2\nu+1} \tag{8.74}$$

で与えられる. w_1 は ξ の偶関数, w_2 は ξ の奇関数である. w_1 または w_2 が無限級数である場合には, $w_1 e^{-\xi^2/2}$ または $w_2 e^{-\xi^2/2}$ は $\xi \to \infty$ で発散する. したがって, $we^{-\xi^2/2}$ が有限であるという条件のもとで解 w を求めるならば,

級数は有限項で切れねばならない. それは $\lambda = n = 0, 1, 2, \cdots$ の場合に可能である. ただし, n が偶数の場合には w_1 を, n が奇数の場合には w_2 を採用する. このいずれの場合も, ξ の n 次多項式である. w_1 ならびに w_2 に適当な係数を掛けて ξ^n の係数を 2^n としたものをエルミート多項式といい, $H_n(\xi)$ と書く. それは以下のように与えられる.

$$
\begin{aligned}
H_{2n}(\xi) &= F\left(-n, \frac{1}{2}; \xi^2\right) \times (-1)^n \frac{(2n)!}{n!} \\
&= \sum_{\nu=0}^{n} (-1)^{n+\nu} \frac{(2n)!}{(n-\nu)!(2\nu)!} (2\xi)^{2\nu},
\end{aligned}
\tag{8.75}
$$

$$
\begin{aligned}
H_{2n+1}(\xi) &= \xi F\left(-n, \frac{3}{2}; \xi^2\right) \times (-1)^n \frac{(2n+2)!}{(n+1)!} \\
&= \sum_{\nu=0}^{n} (-1)^{n+\nu} \frac{(2n+1)!}{(n-\nu)!(2\nu+1)!} (2\xi)^{2\nu+1}.
\end{aligned}
\tag{8.76}
$$

微分方程式 (8.72) は, 以下のように書くこともできる.

$$
\frac{d}{d\xi}\left(e^{-\xi^2} \frac{dw}{d\xi}\right) + 2\lambda e^{-\xi^2} w = 0.
\tag{8.77}
$$

この結果を用いると, エルミート多項式 $H_n(\xi)$ が以下のように書けることがわかる.

$$
H_n(\xi) = (-1)^n e^{\xi^2} \frac{d^n}{d\xi^n} e^{-\xi^2}.
\tag{8.78}
$$

確かに, 式 (8.78) の右辺は n 次多項式であり, ξ^n の係数は 2^n となっている. また, (8.77) で $\lambda = n$ の場合の解になっている. いくつかの例をあげると,

$$
H_0(\xi) = 1,
\tag{8.79}
$$

$$
H_1(\xi) = 2\xi,
\tag{8.80}
$$

$$
H_2(\xi) = 4\xi^2 - 2,
\tag{8.81}
$$

$$
H_3(\xi) = 8\xi^3 - 12\xi
\tag{8.82}
$$

である.

　エルミート多項式の規格直交関係は以下の積分で与えられる.

$$\int_{-\infty}^{\infty} e^{-\xi^2} H_n(\xi) H_k(\xi) d\xi = \delta_{nk} 2^n n! \sqrt{\pi}. \tag{8.83}$$

$n \neq k$ の場合は，式 (8.77) において，$\lambda = n$ および $w = H_n(\xi)$ とした式と $\lambda = k$ および $w = H_k(\xi)$ とした式にそれぞれ $H_k(\xi)$ と $H_n(\xi)$ を掛け合わせ，それらを辺々引き算し，$-\infty < \xi < \infty$ の範囲で積分することによって得られる．$k = n$ の場合は，以下のように計算される．

$$\begin{aligned}
\int_{-\infty}^{\infty} e^{-\xi^2} \{H_n(\xi)\}^2 d\xi &= \int_{-\infty}^{\infty} H_n(\xi)(-1)^n \frac{d^n}{d\xi^n} e^{-\xi^2} d\xi \\
&= \int_{-\infty}^{\infty} \frac{d^n H_n(\xi)}{d\xi^n} e^{-\xi^2} d\xi \\
&= 2^n n! \sqrt{\pi}
\end{aligned} \tag{8.84}$$

ここで，$H_n(\xi)$ は n 次多項式で ξ^n の係数は 2^n であるため，$d^n H_n(\xi)/d\xi^n = 2^n n!$ となることを用いている．

エルミート多項式の母関数表示は以下のように得られる．式 (8.78) より，

$$e^{-\xi^2} H_n(\xi) = (-1)^n \frac{n!}{2\pi i} \oint_C \frac{e^{-z^2}}{(z-\xi)^{n+1}} dz \tag{8.85}$$

と書ける．ここで，C は ξ を反時計回りに一周する積分経路である．変数変換 $z - \xi = -t$ を施すと，

$$\frac{H_n(\xi)}{n!} = \frac{1}{2\pi i} \oint_{C'} \frac{e^{-(t^2-2\xi t)}}{t^{n+1}} dt \tag{8.86}$$

となる．積分経路 C' は原点の周りを反時計回りに一周する経路である．したがって，エルミート多項式の母関数表示

$$e^{-(t^2-2\xi t)} = \sum_{n=0}^{\infty} \frac{1}{n!} H_n(\xi) t^n \tag{8.87}$$

が得られる．式 (8.87) を ξ および t で微分することによって以下のような漸化式が得られる．

$$\frac{d}{d\xi} H_n(\xi) = 2n H_{n-1}(\xi), \tag{8.88}$$

$$H_{n+1}(\xi) - 2\xi H_n(\xi) + 2n H_{n-1}(\xi) = 0. \tag{8.89}$$

また，(8.87) より

$$e^{-t^2} \cosh 2\xi t = \sum_{n=0}^{\infty} \frac{H_{2n}(\xi)}{(2n)!} t^{2n} \tag{8.90}$$

$$e^{-t^2} \sinh 2\xi t = \sum_{n=0}^{\infty} \frac{H_{2n+1}(\xi)}{(2n+1)!} t^{2n+1} \tag{8.91}$$

が容易に導ける．これらの式において $t \to it$ と変数変換することにより，以下の関係式が得られる．

$$e^{t^2} \cos 2\xi t = \sum_{n=0}^{\infty} (-1)^n \frac{H_{2n}(\xi)}{(2n)!} t^{2n} \tag{8.92}$$

$$e^{t^2} \sin 2\xi t = \sum_{n=0}^{\infty} (-1)^n \frac{H_{2n+1}(\xi)}{(2n+1)!} t^{2n+1} \tag{8.93}$$

母関数表示 (8.87) を利用すると，

$$
\begin{aligned}
\sum_{n=0}^{\infty} \frac{1}{n!} H_n(\xi+\eta) t^n &= \exp\left\{-\left[t^2 - 2(\xi+\eta)t\right]\right\} \\
&= \exp\left\{-\left(\frac{t^2}{2} - 2\sqrt{2}\xi\frac{t}{\sqrt{2}}\right)\right\} \exp\left\{-\left(\frac{t^2}{2} - 2\sqrt{2}\eta\frac{t}{\sqrt{2}}\right)\right\} \\
&= \sum_{l=0}^{\infty} \frac{1}{l!} H_l(\sqrt{2}\xi) \left(\frac{t}{\sqrt{2}}\right)^l \sum_{m=0}^{\infty} \frac{1}{m!} H_m(\sqrt{2}\eta) \left(\frac{t}{\sqrt{2}}\right)^m \\
&= \sum_{n=0}^{\infty} \sum_{l=0}^{n} \frac{1}{l!} \frac{1}{(n-l)!} H_l(\sqrt{2}\xi) H_{n-l}(\sqrt{2}\eta) \frac{t^n}{2^{n/2}}
\end{aligned}
$$

より，以下のエルミート多項式の加法公式が得られる．

$$
\begin{aligned}
H_n(\xi+\eta) &= \frac{1}{2^{n/2}} \sum_{l=0}^{n} \frac{n!}{(n-l)!l!} H_l(\sqrt{2}\xi) H_{n-l}(\sqrt{2}\eta) \\
&= \frac{1}{2^{n/2}} \sum_{l=0}^{n} {}_n\mathrm{C}_l\, H_l(\sqrt{2}\xi) H_{n-l}(\sqrt{2}\eta)
\end{aligned} \tag{8.94}
$$

一方，漸化式 (8.89) に $H_n(\eta)/(n!2^n)$ を掛けた式とその式で変数 ξ と η を交換した式との引き算を行うことにより

$$\frac{(\xi-\eta)}{n!2^{n-1}}H_n(\xi)H_n(\eta)$$

$$=\frac{1}{n!2^n}\left\{H_n(\eta)H_{n+1}(\xi)-H_n(\xi)H_{n+1}(\eta)\right\}$$

$$-\frac{2n}{n!2^n}\left\{H_{n-1}(\eta)H_n(\xi)-H_{n-1}(\xi)H_n(\eta)\right\}$$

が得られる．この式の右辺において，第2項は第1項を $n \to n-1$ としたものであり，また $n=0$ の時第2項はゼロとなる．したがって，両辺を $0 \le n \le m$ の範囲で和をとると右辺は第1項の $n=m$ だけが残るので，以下の関係式が得られる．

$$\sum_{n=0}^{m}\frac{1}{n!2^n}H_n(\xi)H_n(\eta)$$

$$=\frac{1}{m!2^{m+1}(\xi-\eta)}\left\{H_m(\eta)H_{m+1}(\xi)-H_m(\xi)H_{m+1}(\eta)\right\} \tag{8.95}$$

第9章

付　　録

　この付録では，本文で必要になる基本的な概念や定理について述べる．但し，ほとんどの場合に定理の証明はつけない．適宜，参考書を参照してほしい．

9.1　付録I　実2変数の実関数の微分（全微分）

　実2変数の実数値関数 $f(x, y)$ を考える．その定義域を A とし，$\boldsymbol{x} = (x, y)$ とする．点 $\boldsymbol{x}_0 = (x_0, y_0)$ で $f(\boldsymbol{x})$ が**微分可能**，または**全微分可能**であるとは，

$$\boldsymbol{a} = (a, b) \in \mathbb{R}^2 \text{が存在して，}\quad \boldsymbol{x}_0 + \boldsymbol{h} \in A \text{ ならば，}$$

$$f(\boldsymbol{x}_0 + \boldsymbol{h}) - f(\boldsymbol{x}_0) = \boldsymbol{a} \cdot \boldsymbol{h} + o(|\boldsymbol{h}|)$$

となる事である．

　ここで，$\boldsymbol{h} = (h, k), |\boldsymbol{h}| = \sqrt{h^2 + k^2}$ で，$\boldsymbol{a} \cdot \boldsymbol{h} = ah + bk$ は，$\boldsymbol{a}$ と $\boldsymbol{h}$ の内積である．また，$o(x)$ はランダウの記号で，$x \to 0$ のとき，x よりもはやく 0 になる量を表す．すなわち，$\lim_{x \to 0} o(x)/x = 0$ となる．このとき，次の定理が成り立つ．

定理 9.1.1

　$f(\boldsymbol{x})$ が $\boldsymbol{x}$ において微分可能なら，f は $\boldsymbol{x}$ において偏微分可能であり，$\boldsymbol{a} = \nabla f(\boldsymbol{x}) = \left(\dfrac{\partial f}{\partial x}, \dfrac{\partial f}{\partial y} \right)$ となる．

ここで，$\nabla = \left(\dfrac{\partial}{\partial x}, \dfrac{\partial}{\partial y} \right)$ であり，ナブラと読む．

　逆に，次の定理が成り立つ．

定理 9.1.2

　$f(\boldsymbol{x})$ が $\boldsymbol{x}$ の近傍で偏微分可能で，全ての偏導関数が $\boldsymbol{x}$ で連続なら

　f は $\boldsymbol{x}$ において微分可能である．

9.2　付録 II　実 2 変数の実関数の線積分

　実 2 変数関数 $f(x, y)$ の線積分の定義と性質をまとめる．

　C を xy 平面内の向きのついた曲線とし，そのパラメータ表示が次式で与えられているとする．

$$x = \varphi(t),\ y = \phi(t),\ t \in [\alpha, \beta]. \tag{9.1}$$

ここで，$\varphi(t), \psi(t)$ は，$[\alpha, \beta]$ で滑らかであるとする[1]．ここでは，$f(x, y)$ は連続とし，C に沿った積分を次のように定義する．区間 $[\alpha, \beta]$ を n 個の小区間 $[t_{\nu-1}, t_\nu](\nu = 1, 2, \cdots, n)$ に分割する．ここで，

$$\alpha = t_0 < t_1 < \cdots < t_n = \beta$$

である．$x_\nu = \varphi(t_\nu), y_\nu = \psi(t_\nu)$ とする．また，$\tau_\tau \in [t_{\nu-1}, t_\nu]$ を任意に選び，$\xi_\nu = \varphi(\tau_\nu), \eta_\nu = \psi(\tau_\nu)$ とおく．このとき，

$$S = \sum_{\nu=1}^{n} f(\xi_\nu, \eta_\nu)(x_\nu - x_{\nu-1})$$

を考える．$\delta = \max_\nu(t_\nu - t_{\nu-1})$ とすると，リーマン積分の定義より，$\delta \to 0$ のとき，

$$S \to \int_\alpha^\beta f(\varphi(t), \psi(t)) \frac{d\varphi(t)}{dt} dt$$

---

1)　1.4.2 項と同様，$\varphi(t), \psi(t)$ は，$[\alpha, \beta]$ で区分的に滑らかでもよい．

となる. 収束値を $f(x,y)$ の x に関する C に沿う線積分とよび, $\int_C f dx$ とかく. すなわち,

$$\int_C f dx = \int_\alpha^\beta f(\varphi(t), \psi(t)) \frac{d\varphi(t)}{dt} dt \tag{9.2}$$

である. y に関する線積分も同様に定義され,

$$\int_C f dy = \int_\alpha^\beta f(\varphi(t), \psi(t)) \frac{d\psi(t)}{dt} dt \tag{9.3}$$

となる.

◇線積分の性質

次の性質は, リーマン積分の性質より直ちに従う.

(1) $\int_C (f \pm g) dx = \int_C f dx \pm \int_C g dx$,

(2) $\int_C k f dx = k \int_C f dx$, k は定数,

(3) $\int_{C_1+C_2} f dx = \int_{C_1} f dx + \int_{C_2} f dx$,

(4) $-C$ を C と逆向きの向きを持つ曲線とすると,

$$\int_{-C} f dx = - \int_C f dx.$$

y に関する線積分についても同様な性質が成り立つ.

9.3　付録III　数列と級数の収束

まず, 数列の収束性に関するコーシー (Cauchy) の条件を与える.

定理 9.3.1 $\{C_n\}$ を複素数列とする.

$\{C_n\}$ が収束する必要十分条件は, 任意の $\varepsilon > 0$ に対して, 自然数 N が存在して, $N < m < n$ なら $|C_n - C_m| < \varepsilon$ となる事である. $\tag{9.4}$

これを用いて, 級数の収束性に関するコーシーの条件が得られる. $\{c_n\}$ を複素数列とし, $C_n = \sum_{k=1}^n c_k$ とする. C_n が C に収束するとき, 級数 $\sum_{n=1}^\infty c_n$ は

収束するといい，C をその級数の和という．このとき，次の定理が成り立つ．

定理 9.3.2

$\displaystyle\sum_{n=1}^{\infty} c_n$ が収束する必要十分条件は，任意の $\varepsilon > 0$ に対して，自然数 N が

存在して，$N < m < n$ なら $|c_{m+1} + \cdots + c_n| < \varepsilon$ となる事である．   (9.5)

問 9.3.1 (9.4) より (9.5) を導け．

定理 9.3.3 $\displaystyle\sum_{n=1}^{\infty} c_n$ が収束するなら，$\displaystyle\lim_{n \to \infty} c_n = 0$ となる．

問 9.3.2 上の定理を示せ．

9.4 付録 IV 関数項の数列と級数の収束

以下では，実関数について定義するが，複素関数についても同様である．

[定義]　関数列の極限

関数の列 $\{f_n(x)\}$ が集合 A で収束するとする．このとき，$\displaystyle\lim_{n \to \infty} f_n(x) = f(x)$ も A で定義された関数である．

[定義]　関数列の一様収束

関数の列 $\{f_n(x)\}$ が集合 A で $f(x)$ に一様収束するとは，次のように定義される．

任意の $\varepsilon > 0$ に対して，自然数 N が存在して，任意の $n > N$ と任意の $x \in A$ に対して，

$$|f_n(x) - f(x)| < \varepsilon$$

となる[2]．

以下に，項が関数からなる数列や級数についての定理を記す．

---

2) つまり，A 内のすべての点に対して，同じ N を選ぶことができる．

定理 9.4.1 連続な関数列の一様収束

連続な関数列 $\{f_n(x)\}$ が定義域 A で $f(x)$ に一様に収束するなら，$f(x)$ も A で連続である．

定理 9.4.2 連続関数の区間での積分の収束

区間 $[a,b]$ で連続な関数列 $\{f_n(x)\}$ が $[a,b]$ で $f(x)$ に一様に収束するなら，次式が成り立つ．

$$\lim_{n\to\infty}\int_a^b f_n(x)dx = \int_a^b f(x)dx. \tag{9.6}$$

定理 9.4.3 2 変数の連続関数の線積分の収束

曲線 C 上で連続な関数列 $\{f_n(x,y)\}$ が C 上で $f(x,y)$ に一様に収束するなら，次式が成り立つ．

$$\lim_{n\to\infty}\int_C f_n(x,y)dx = \int_C f(x,y)dx. \tag{9.7}$$

y についての線積分についても，同様である．

◇関数項の級数の極限

集合 A で定義された関数 $f_n(x)$ を項とする級数 $\sum_{n=1}^{\infty} f_n(x)$ を考える．この級数が任意の $x \in A$ で収束するとする．このとき，$\sum_{n=1}^{\infty} f_n(x)$ は A で定義される．これを $F(x)$ とする．すなわち，$F_n(x) = \sum_{m=1}^{n} f_m(x)$ とすると，

$$\lim_{n\to\infty} F_n(x) = F(x) \tag{9.8}$$

である．

F_n が A で一様に $F(x)$ に収束するとき，$\sum_{n=1}^{\infty} f_n(x)$ は，A で一様収束するという．

定理 9.4.4 連続関数の級数の一様収束の極限

連続関数からなる級数 $\sum_{n=1}^{\infty} f_n(x)$ が，A で一様に $F(x)$ に収束するとき，

$F(x)$ は A で連続である.

定理 9.4.5 連続関数からなる級数の区間での積分の収束性（項別積分可能性）

区間 $[a,b]$ で連続な関数 $f_n(x)$ からなる級数 $\sum_{n=1}^{\infty} f_n(x)$ が，$[a,b]$ で一様に $F(x)$ に収束するとき，次式が成り立つ.

$$\int_a^b F(x)dx = \sum_{n=1}^{\infty} \int_a^b f(x)dx.\text{（項別積分可能）} \tag{9.9}$$

定理 9.4.6 ワイエルシュトラスの M 判定法

集合 A において，$|f_n(x)| \leq M_n,\ (n=1,2,\cdots)$ とする.$\sum_{n=1}^{\infty} M_n$ が収束するなら，$\sum_{n=1}^{\infty} f_n(x)$ は，A で一様絶対収束する.即ち，$\sum_{n=1}^{\infty} f_n(x)$ と $\sum_{n=1}^{\infty} |f_n(x)|$ が一様収束する.$\sum_{n=1}^{\infty} M_n$ を $\sum_{n=1}^{\infty} f_n(x)$ の**優級数**といい，このような優級数を見つける方法を**ワイエルシュトラスの M 判定法**という.

<u>証明</u> ϵ-δ 論法を使う.$\sum_{n=1}^{\infty} M_n$ が収束する必要十分条件は，(9.5) より，任意の $\varepsilon > 0$ に対して，自然数 N が存在して，$N < m < n$ なら，$M_{m+1} + \cdots + M_n < \varepsilon$ となる事である.一方，$|f_{m+1}(x) + \cdots + f_n(x)| \leq |f_{m+1}(x)| + \cdots + |f_n(x)| \leq M_{m+1} + \cdots + M_n$ であり，$\sum_{n=1}^{\infty} M_n$ は収束するので，$\sum_{n=1}^{\infty} f_n(x)$ と $\sum_{n=1}^{\infty} |f_n(x)|$ は，A 内で，x の値によらずコーシーの判定条件 (9.5) を満たす.よって，$f_n(x)$ は一様絶対収束する.　□

定理 9.4.7 テイラー (Taylor) 展開の優級数

$$\sum_{n=0}^{\infty} c_n z^n, \tag{9.10}$$

$$\sum_{n=0}^{\infty} M_n, \tag{9.11}$$

$$z \in A \text{ において，} |c_n z^n| \leq M_n \tag{9.12}$$

とする.(9.11) が収束するなら，(9.11) は (9.10) の優級数となっており，ワ

イエルシュトラスの M 判定法より, (9.10) は A で一様絶対収束する.

9.5 付録 V 集合の上限, 下限

実数の集合 A を考える. A が上に有界とは, A の任意の元 a に対して, 実数 M があって, $a \leq M$ となる事である. このとき, M を A の上界という. 上に有界な集合 A に対して, 上界の最小値が存在する. よって, **A の上限を A の 上界の最小値として定義し, $\sup A$ と書く**[3]. 従って,

A の任意の元を a とするとき, $\sup A \geq a$ であり,

$\sup A$ より小さな任意の数 b に対して, b より大きい A の元が存在する.

A が上に有界でないときには, $\sup A = \infty$ とする. 同様にして, A が下に有界とは, A の任意の元 a に対して, 実数 m があって, $a \geq m$ となる事である. このとき, m を A の下界という. 下に有界な集合 A に対して, 下界の最大値が存在する. よって, 下に有界な集合 **A の下限を A の下界の最大値として定義し, $\inf A$ と書く**. 従って,

A の任意の元を a とするとき, $\inf A \leq a$ であり,

$\inf A$ より大きな任意の数 b に対して, b より小さい A の元が存在する.

A が下に有界でないときには, $\inf A = -\infty$ とする.

9.6 付録 VI Green の定理

定理 9.6.1 Green の定理

xy 平面おいて, C を単純閉曲線とし, D をその内部とする. $P(x,y), Q(x,y)$ を $C \cup D$ で C^1 級の関数とするとき, 次式が成り立つ.

$$\int_C (Pdx + Qdy) = \iint_D \left(\frac{\partial Q}{\partial x} - \frac{\partial P}{\partial y} \right) dxdy \tag{9.13}$$

---

3) $\sup A, \inf A$ が存在する事については, たとえば理系の数学シリーズ『微分積分』を参照せよ.

但し，曲線の向きは，反時計回りとする.

　この定理は，単純閉曲線 C の内部に複数の単純閉曲線があるときも成り立つ. 但し，内部の曲線は互いに他の外部にあり，内部の曲線の向きは時計回りとし，D は C の内側でかつ内部の曲線の外側の領域とする. 例えば，図 9.1(a) のように，単純閉曲線 C の内部に 2 つの単純閉曲線 C_1, C_2 がある場合を考えよう. 内部の曲線の向きを時計回りとし，領域 D を C と C_1, C_2 とで囲まれるアミかけの領域とすれば，定理が成り立つことが分かる. 以下に，証明の概略を記す. 図 9.1(a) のように，時計回りに閉曲線 C_3, C_4 を考えると，$C' = C + C_1 + C_2 + C_3 + C_4$ は，図 9.1(b) で示した単純閉曲線となる. その内部を D' とすると，C' と D' について Green の定理が成り立つ. 一方，$-C_3$ とその内部 D_3，及び $-C_4$ とその内部 D_4 について Green の定理が成り立つ. 従って，

$$\int_{C+C_1+C_2} (Pdx + Qdy) = \iint_{D'} \left(\frac{\partial Q}{\partial x} - \frac{\partial P}{\partial y}\right)dxdy - \int_{C_3+C_4} (Pdx + Qdy)$$

$$= \iint_{D'} \left(\frac{\partial Q}{\partial x} - \frac{\partial P}{\partial y}\right)dxdy$$

$$+ \iint_{D_3 \cup D_4} \left(\frac{\partial Q}{\partial x} - \frac{\partial P}{\partial y}\right)dxdy$$

$$= \iint_{D} \left(\frac{\partial Q}{\partial x} - \frac{\partial P}{\partial y}\right)dxdy$$

となる.

9.7　付録 VII　Cauchy の基本定理の証明

定理 9.7.1（コーシー (Cauchy) の基本定理）

　$f(z)$ が単連結領域 D で正則ならば，D 内の長さ有限の任意の閉曲線 C に対して，

$$\int_C f(z)dz = 0 \tag{9.14}$$

となる.

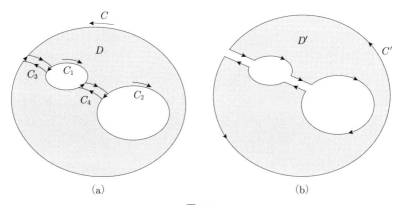

図 **9.1**

まず，いくつかの準備を行う.

◇曲線の長さ

向きのついた曲線 C のパラメータ表示を

$$x = \varphi(t), y = \psi(t),\ t \in I = [\alpha, \beta]$$

とする．$\varphi(t), \psi(t)$ は連続とする．**曲線 C の長さ** L は次のように定義される．

区間 I を n 個の小区間 $I_i = [t_{i-1}, t_i]$, $(i = 1, 2, \cdots, n)$ に分割する．t_i は以下のようにとる．

$$\alpha = t_0 < t_1 < \cdots < t_{n-1} < t_n = \beta.$$

分割の仕方を Δ とする．t_i に対応する曲線上の点を P_i とすると，折れ線 $\mathrm{P}_0 \mathrm{P}_1 \cdots \mathrm{P}_n$ の長さ L_Δ が決まる．

$$L_\Delta = \sum_{i=1}^{n} \sqrt{(\varphi(t_i) - \varphi(t_{i-1}))^2 + (\psi(t_i) - \psi(t_{i-1}))^2}.$$

曲線の長さ L は，

$$L = \sup_{\Delta} L_\Delta \tag{9.15}$$

で定義される. $L < \infty$ のとき，曲線 C の長さは有限という.

◇有界変動関数

$I = [\alpha, \beta]$ で定義された関数 f について，分割 Δ に対して，$v_\Delta = \sum_{i=1}^{n} |f(t_i) - f(t_{i-1})|$ としたとき，f の I 上の全変分を $v = \sup_{\Delta} v_\Delta$ とする. $v < \infty$ のとき，f は I の上で有界変動という.

問 9.7.1 曲線 C の長さが有限であるための必要十分条件は，パラメータ表示で用いた関数 φ, ψ が I の上で有界変動であることである. これを示せ.

◇スティルチェス積分

f を区間 $I = [\alpha, \beta]$ で定義された有界な関数，g を I で定義された単調増加関数とする. このとき，区間の任意の分割 Δ について，

$$\sum_{\Delta} = \sum_{i=1}^{n} f(\zeta_i)(g(t_i) - g(t_{i-1}))$$

とする. ここで，ζ_i は $t_{i-1} \leq \zeta_i \leq t_i$ なる任意の数. $|\Delta| = \max_i(t_i - t_{i-1})$ とするとき，$|\Delta| \to 0$ のときに，$\sum_{\Delta}$ が一定値に収束するとき，これを関数 f の，関数 g に関する**スティルチェス積分**といい，次のように表す.

$$\int_{\alpha}^{\beta} f(t)dg(t) \text{ または } \int_{\alpha}^{\beta} fdg.$$

次の定理が成り立つ.

定理 9.7.2 連続関数 f は任意の単調増加関数 g に関し，スティルチェス積分可能である.

定理 9.7.3 f が連続，g が微分可能な単調増加関数で，g' がリーマン積分可能ならば

$$\int_\alpha^\beta f(t)dg(t) = \int_\alpha^\beta f(t)g'(t)dt. \tag{9.16}$$

定理 9.7.4 f が連続，g_1, g_2 が単調増加関数なら

$$\int_\alpha^\beta f d(g_1 + g_2) = \int_\alpha^\beta f dg_1 + \int_\alpha^\beta f dg_2. \tag{9.17}$$

次に，**有界変動な関数についてのスティルチェス積分**を定義する．まず，次の定理が成り立つ．

定理 9.7.5 f が有界変動な関数であるための必要十分条件は，f が二つの単調増加関数の差であることである．

g が有界変動な関数であるとする．g_1, g_2 を単調増加関数として，$g = g_1 - g_2$ と表すことができる．**連続関数 f の有界変動関数 g に関するスティルチェス積分**を

$$\int_\alpha^\beta f dg = \int_\alpha^\beta f dg_1 - \int_\alpha^\beta f dg_2 \tag{9.18}$$

と定義する．これが存在することは，定理 9.7.2 より，また，g を単調増加関数の差に分解する仕方によらないことは (9.17) より直ちに分かる．また，**定理 9.7.3** と同様に，次の定理が成り立つことが分かる．

定理 9.7.6 f が連続，g が微分可能な有界変動関数で，g' がリーマン積分可能ならば

$$\int_\alpha^\beta f(t)dg(t) = \int_\alpha^\beta f(t)g'(t)dt. \tag{9.19}$$

以上で，有限な長さを持つ曲線 C についての連続な複素関数 $f(z)$ の複素積分を定義する準備ができた．

まず，**連続な関数 $u(x, y)$ の長さが有限な曲線 C についての線積分**を，連

続関数 $u(\varphi(t),\psi(t))$ の有界変動関数 $\varphi(t)$ に関するスティルチェス積分として,

$$\int_C u dx \equiv \int_\alpha^\beta u d\varphi \tag{9.20}$$

のように定義する. 滑らかな曲線についての 1.4.2 項の議論は, 極限をとる前まではそのまま適用できる. つまり, $I = [\alpha, \beta]$ の分割 Δ に対して, 和 S_Δ を

$$S_\Delta = \sum_{\nu=1}^n f(\zeta_\nu)(z_\nu - z_{\nu-1}).$$

とする. 有界変動関数のときは, $|\Delta| \to 0$ とすると, S_Δ はスティルチェス積分の和に収束する.

$$S_\Delta \to \int_\alpha^\beta (u d\varphi - v d\psi) + i \int_\alpha^\beta (u d\psi + v d\varphi). \tag{9.21}$$

(9.21) の右辺の極限値を $\int_C f(z)dz$ と定義すると

$$\int_C f(z)dz = \int_C (u dx - v dy) + i \int_C (u dy + v dx).$$

例 C を長さが有限の閉曲線とするとき, 以下が成り立つ.

(1) k が定数のとき, $\int_C k dz = 0$.

(2) $\int_C z dz = 0$.

証明 いずれも連続関数であるから, 積分が存在することは既知. 曲線の始点を a, 終点を b とすると閉曲線なので, $a = b$.

(1) $S_\Delta = \sum_{\nu=1}^n k(z_\nu - z_{\nu-1}) = k(z_n - z_0) = k(b - a) = 0$.

(2) $\zeta_\nu = z_\nu$ としたものを S_Δ, $\zeta_\nu = z_{\nu-1}$ としたものを S'_Δ とする.

$$S_\Delta + S'_\Delta = \sum_{\nu=1}^n (z_\nu + z_{\nu-1})(z_\nu - z_{\nu-1}) = b^2 - a^2 = 0.$$

$|\Delta| \to 0$ のとき, 左辺は $2\int_C z dz$ に収束するので, 積分値は 0 となる. $\square$

C を長さが有限な向きのついた曲線とすると, 1.4 節の線積分についての関係式 (1)-(6) のうち, (1)-(4) は定義より直ちに分かる. ここでは, 1.4 節の (5), (6) の式を証明する.

(5) $\left|\int_C f(z)dz\right| \le ML$, M は C 上の $|f(z)|$ の最大値で, L は C の長さ.

(6) $\left|\int_C f(z)dz\right| \leq \int_C |f(z)||dz|.$

$|dz|$ は曲線 C の長さ s をパラメータとしたときの線素 ds である.

証明 (5) $\Delta z_\nu = z_\nu - z_{\nu-1}$ とすると,

$$|S_\Delta| = \left|\sum_{\nu=1}^n f(\zeta_\nu)\Delta z_\nu\right| \leq \sum_{\nu=1}^n |f(\zeta_\nu)| \, |\Delta z_\nu| \leq M \sum_{\nu=1}^n |\Delta z_\nu|.$$

最右辺の和は,曲線に接する折れ線の長さなので L より小さい.従って,

$$\left|\sum_{\nu=1}^n f(\zeta_\nu)\Delta z_\nu\right| \leq ML.$$

ここで,$|\Delta| \to 0$ とすると,(5) が得られる.

(6) は次のようにして示される.$z_\nu, z_{\nu-1}$ 間の C の弧の長さを Δs_ν とすると,

$$\left|\sum_{\nu=1}^n f(\zeta_\nu)\Delta z_\nu\right| \leq \sum_{\nu=1}^n |f(\zeta_\nu)|\Delta s_\nu$$

となる.$|\Delta| \to 0$ とすると,

$$\left|\int_C f(z)dz\right| \leq \int_0^L |f(z)|ds$$

となる.ここで,不等式の右側は,弧の長さをパラメータにとったときの $|f(z)|$ の C での線積分である.これは $\int_C |f(z)||dz|$ に他ならない.従って,(6) を得る. $\square$

定理 9.7.7 $f(z)$ は領域 D で連続とし,有限の長さ L を持つ D 内の閉曲線を C とする.任意に $\varepsilon > 0$ を与えると,C 上に頂点を持ち,D に含まれる閉じた折れ線 Π で,次式を満たすものが存在する.

$$\left|\int_C f(z)dz - \int_\Pi f(z)dz\right| < \varepsilon. \tag{9.22}$$

証明 C のパラメータ表示において,$I = [\alpha, \beta]$ の分割を Δ とすると,任意の $\delta > 0$ に対して,分割が十分細かければ,

$$\left|\int_C f(z)dz - \sum_{\nu=1}^n f(z_\nu)\Delta z_\nu\right| < \delta$$

とできる.Π を $z_0, z_1, \cdots, z_n(= z_0)$ を結ぶ折れ線とする.分割を細かくとれ

ば Π が D 内に含まれるようにできる.

$$\left|\int_\Pi f(z)dz - \sum_{\nu=1}^n f(z_\nu)\Delta z_\nu\right| = \left|\int_\Pi f(z)dz - \sum_{\nu=1}^n \int_{l_\nu} f(z_\nu)dz\right|$$
$$= \left|\sum_{\nu=1}^n \int_{l_\nu} (f(z)-f(z_\nu))dz\right| \leq \sum_{\nu=1}^n \int_{l_\nu} |f(z)-f(z_\nu)||dz|$$

となる. l_ν は $z_{\nu-1}$ と z_ν を結ぶ線分. $f(z(t))$ は, I で一様連続であるから, 分割を十分細かくとれば, 任意の ν と l_ν 上の任意の z について, $|f(z)-f(z_\nu)| < \delta$ とできる[4]. よって,

$$\left|\int_\Pi f(z)dz - \sum_{\nu=1}^n f(z_\nu)\Delta z_\nu\right| < \delta\sum_{\nu=1}^n \int_{l_\nu} |dz| \leqq \delta L.$$

従って,

$$\left|\int_C f(z)dz - \int_\Pi f(z)dz\right| < (1+L)\delta \tag{9.23}$$

となるので, $(1+L)\delta < \varepsilon$ となるように δ をとれば, 分割が十分細かいとき, (9.22) となる. □

定理 9.7.8 単連結領域 D 内の多角形を Π とすると, $f(z)$ が D で正則なら,

$$\int_\Pi f(z)dz = 0 \tag{9.24}$$

となる.

証明 任意の多角形は, 自分自身と交わらない多角形の有限個の和に分解できる. 例えば, 図 9.2 において, 多角形 $P_1P_2P_3P_4P_5P_6P_7P_8P_1$ は自身と交差するが, これは, 交差しない3つの多角形, $P_1Q_1P_6P_7P_8P_1$, $Q_1Q_2P_2Q_1$, $Q_2P_5P_4P_3Q_2$ に分解できる. また, 自分自身と交わらない多角形は凸多角形の和に分解できる (図 9.3). さらに, 凸多角形は, 三角形の和に分解できる (図 9.4). D は単連結なので, これらの多角形は全て D に含まれる. 従って, D に含まれる任意の三角形について (9.24) が成り立てば, 線積分についての関係式 (3) より, D 内の任意の多角形について (9.24) が成り立つことが分か

---

[4] 付録 VIII 参照.

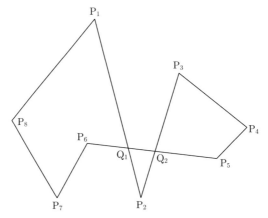

図 **9.2**: 自分自身と交わる多角形の交わらない多角形の和への分解

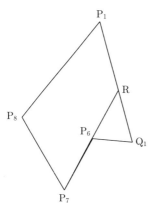

図 **9.3**: 自分自身と交わらない多角形の凸多角形の和への分解

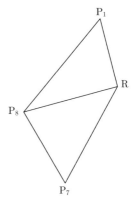

図 **9.4**: 凸多角形の三角形の和への分解

る. D 内の任意の三角形の内部を $\mathcal{D}$, その周を反時計回りに向きをとって, $\partial\mathcal{D}$ とする.

$$\int_{\partial\mathcal{D}} f(z)dz = 0 \tag{9.25}$$

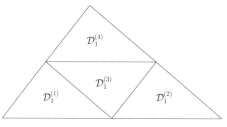

図 **9.5**: 三角形の分割

を示そう.

図 9.5 のように，$\mathcal{D}$ を各辺の中点を結ぶ線分によって，4 つの三角形 $\mathcal{D}_1^{(1)}$，$\mathcal{D}_1^{(2)}, \mathcal{D}_1^{(3)}, \mathcal{D}_1^{(4)}$ に分け，それらの周の向きを反時計回りにとったものを，$\partial\mathcal{D}_1^{(1)}, \partial\mathcal{D}_1^{(2)}, \partial\mathcal{D}_1^{(3)}, \partial\mathcal{D}_1^{(4)}$ とする．すると，三角形の接する直線上の線積分は向きが逆になるので，打ち消しあい，

$$\int_{\partial\mathcal{D}} f(z)dz = \int_{\partial\mathcal{D}_1^{(1)}} f(z)dz + \int_{\partial\mathcal{D}_1^{(2)}} f(z)dz + \int_{\partial\mathcal{D}_1^{(3)}} f(z)dz + \int_{\partial\mathcal{D}_1^{(4)}} f(z)dz$$

となる．$M = \left|\int_{\partial\mathcal{D}} f(z)dz\right|$ として，以下で $M = 0$ となることを示す．$j = 1, \cdots, 4$ として，$\left|\int_{\partial\mathcal{D}_1^{(j)}} f(z)dz\right|$ のうち最大のものを M_1 とすると，

$$M \leq 4M_1, \ M_1 \geq \frac{M}{4}$$

となる．M_1 となる三角形を $\mathcal{D}_1$ とすると，

$$\left|\int_{\partial\mathcal{D}_1} f(z)dz\right| \geq \frac{M}{4} \tag{9.26}$$

である．同様にして，$\mathcal{D}_1$ を 4 つの三角形に分け，上と同様な一つの三角形を $\mathcal{D}_2$ とすると，

$$\left|\int_{\partial\mathcal{D}_2} f(z)dz\right| \geq \frac{M_1}{4} \geq \frac{M}{4^2} \tag{9.27}$$

となる．このようにして，三角形の列

$$\mathcal{D} \supset \mathcal{D}_1 \supset \mathcal{D}_2 \supset \cdots \supset \mathcal{D}_n \supset \cdots \tag{9.28}$$

が得られ,

$$\left|\int_{\partial \mathcal{D}_n} f(z)dz\right| \geq \frac{M}{4^n} \tag{9.29}$$

となる. $\mathcal{D}_n$ の辺の全長を L_n, D の辺の全長を L とすると, $L_n = \frac{1}{2^n}L$ であるから, $n \to \infty$ とすると, $\mathcal{D}_n$ の辺の全長は 0 に収束する. 三角形の面積は, (辺の全長)$^2/2$ より小さいから, $\mathcal{D}_n$ の面積は 0 に収束する. 従って, 全ての三角形の共通部分は 1 点 z_0 のみからなる.

$$\bigcap_n \mathcal{D}_n = \{z_0\}. \tag{9.30}$$

$\mathcal{D}_n$ は D に属するから, z_0 も D の点であり, 従って, $f'(z_0)$ が存在する. よって, 任意の $\varepsilon > 0$ に対して, 自然数 N が存在して, $N < n$ であれば, $\partial \mathcal{D}_n$ 上の任意の点 z に対して,

$$\left|\frac{f(z) - f(z_0)}{z - z_0} - f'(z_0)\right| < \varepsilon \tag{9.31}$$

が成り立つ. 従って,

$$\left|\int_{\partial \mathcal{D}_n} \Big(f(z) - f(z_0) - f'(z_0)(z - z_0)\Big)dz\right| \leq \varepsilon \int_{\partial \mathcal{D}_n} |z - z_0||dz|$$

となる. 左辺の被積分関数のうち, 第 2 項, 第 3 項についての積分は, 例で示したように 0 となる. また, $\mathcal{D}_n$ の周上の点 z に対して, $|z - z_0|$ は辺の長さ L_n より小さいので, 右辺の積分は,

$$\int_{\partial \mathcal{D}_n} |z - z_0||dz| \leq (L_n)^2 = \left(\frac{L}{2^n}\right)^2 = \frac{L^2}{4^n} \tag{9.32}$$

となる. 従って,

$$\left|\int_{\partial \mathcal{D}_n} f(z)dz\right| \leq \varepsilon \frac{L^2}{4^n}. \tag{9.33}$$

(9.29), (9.33) より,

$$M \leq \varepsilon L^2 \tag{9.34}$$

となる. ε は任意なので, $M = 0$. 従って, $\int_{\partial \mathcal{D}} f(z)dz = 0$ となる. よって,

定理 9.7.8 が示された.　　　　　　　　　　　　　　　　　　　　　□

この結果を，定理 9.7.7 に適用すると，任意の $\varepsilon > 0$ に対して，

$$\left| \int_C f(z)dz \right| < \varepsilon$$

となる．従って，$\int_C f(z)dz = 0$，すなわち，コーシーの基本定理が成り立つ.

9.8　付録 VIII　連続関数に関するいくつかの定理

多変数関数や複素関数も対象にするため，距離の定義された空間，距離空間での記載を行う.

◇コンパクト集合

距離空間 X の部分集合 A に対し，開集合の族 $\{O_\lambda | \lambda \in \Lambda\}$ があって，

$$A \subset \bigcup_{\lambda \in \Lambda} O_\lambda$$

となるとき，$\{O_\lambda | \lambda \in \Lambda\}$ を A の被覆族という．あるいは，$\{O_\lambda | \lambda \in \Lambda\}$ は A を覆うという.

A がコンパクトであるとは，A の任意の被覆族に対し，有限個の開集合 $O_{\lambda_i}, \lambda_i \in \Lambda, (i = 1, \cdots, k)$ が存在して，

$$A \subset \bigcup_{i=1}^{k} O_{\lambda_i}$$

となることである.

◇ハイネ・ボレルの被覆定理

$\mathbb{R}^n$ において，A が有界閉集合 $\Longleftrightarrow$ A がコンパクト.

$\mathbb{C}$ における 2 点の距離は，$\mathbb{R}^2$ における対応する 2 点の距離と等しいので，この定理は $\mathbb{C}$ でも成立する.

距離空間 X から距離空間 Y について，X の部分集合 A から Y への写像，f を考える．A を f の定義域とすると，$\boldsymbol{x} \in A$ に，Y の点 $\boldsymbol{y} = f(\boldsymbol{x})$ が対応する．X の 2 点を $\boldsymbol{x}, \boldsymbol{x}'$ とするとき，その間の距離を $d(\boldsymbol{x}, \boldsymbol{x}')$ で表す．また，Y の 2 点を $\boldsymbol{y}, \boldsymbol{y}'$ とするとき，その間の距離を $d'(\boldsymbol{y}, \boldsymbol{y}')$ で表す．

f が，$A \in \boldsymbol{x}$ で**連続**であるとは，任意の $\epsilon > 0$ に対して，

$$\boldsymbol{x}' \in A, \ d(\boldsymbol{x}', \boldsymbol{x}) < \delta \ \text{なら}, \ d'(f(\boldsymbol{x}') - f(\boldsymbol{x})) < \epsilon$$

となる $\delta > 0$ が存在することである．

f が，A で**一様連続**であるとは，任意の $\epsilon > 0$ に対して，$\delta > 0$ が存在して，

$$\boldsymbol{x}, \boldsymbol{x}' \in A, \ d(\boldsymbol{x}, \boldsymbol{x}') < \delta \ \text{なら}, \ d'(f(\boldsymbol{x}') - f(\boldsymbol{x})) < \epsilon$$

となることである．

◇コンパクト集合上での写像の一様連続性

距離空間 X のコンパクトな部分集合 A で定義された X から Y への連続な写像は，A で一様連続である．

問題解答

第 1 章

問 **1.1.1**

$z_1 = r_1(\cos\theta_1 + i\sin\theta_1), \ z_2 = r_2(\cos\theta_2 + i\sin\theta_2)$ とする.

$$z_1 z_2 = r_1 r_2 (\cos\theta_1 + i\sin\theta_1)(\cos\theta_2 + i\sin\theta_2)$$

$$= r_1 r_2 \Big(\cos\theta_1 \cos\theta_2 - \sin\theta_1 \sin\theta_2 + i(\sin\theta_1 \cos\theta_2 + \cos\theta_1 \sin\theta_2) \Big)$$

$$= r_1 r_2 \Big(\cos(\theta_1 + \theta_2) + i\sin(\theta_1 + \theta_2) \Big).$$

これが, $|z_1 z_2| \cos(\arg(z_1 z_2))$ に等しいので,

$$|z_1 z_2| = r_1 r_2 = |z_1||z_2|, \ \arg(z_1 z_2) = \theta_1 + \theta_2 + 2n\pi = \arg z_1 + \arg z_2 + 2n\pi.$$

ここで, n は任意の整数. したがって, (1.5) が成立. $z_2 \neq 0$ のとき,

$$\frac{z_1}{z_2} = \frac{r_1(\cos\theta_1 + i\sin\theta_1)}{r_2(\cos\theta_2 + i\sin\theta_2)} = \frac{r_1}{r_2} \frac{(\cos\theta_1 + i\sin\theta_1)(\cos\theta_2 - i\sin\theta_2)}{(\cos\theta_2 + i\sin\theta_2)(\cos\theta_2 - i\sin\theta_2)}$$

$$= \frac{r_1}{r_2}(\cos\theta_1 + i\sin\theta_1)(\cos\theta_2 - i\sin\theta_2) = \frac{r_1}{r_2}\Big(\cos(\theta_1 - \theta_2) + i\sin(\theta_1 - \theta_2) \Big).$$

これより, (1.6) が成立. (1.7) は明らか.

$$|z_1 + z_2|^2 = (x_1 + x_2)^2 + (y_1 + y_2)^2 = |z_1|^2 + |z_2|^2 + 2(x_1 x_2 + y_1 y_2)$$

$$= |z_1|^2 + |z_2|^2 + 2|z_1||z_2|\cos(\theta_1 - \theta_2) \leq |z_1|^2 + |z_2|^2 + 2|z_1||z_2| = (|z_1| + |z_2|)^2.$$

これより，(1.8) が成立．(1.8) の証明において $z_2 \to -z_2$ として，

$$|z_1 - z_2|^2 = |z_1|^2 + |z_2|^2 - 2(x_1 x_2 + y_1 y_2) = |z_1|^2 + |z_2|^2 - 2|z_1||z_2|\cos(\theta_1 - \theta_2)$$
$$\geq |z_1|^2 + |z_2|^2 - 2|z_1||z_2| = (|z_1| - |z_2|)^2.$$

これより，(1.9) が成立．

問 1.3.1

実変数のときと同様に証明できるので省略．

問 1.4.1

(1.29)　実変数の実数値関数 $u(x)$ についての微分積分学の基本公式は，区間 $[a, b]$ を含む区間で $U'(x) = u(x)$ で $u(x)$ が連続なら，

$$\int_a^b u(x)dx = U(b) - U(a)$$

となることである．$f(x) = u(x) + iv(x)$, $F(x) = U(x) + iV(x)$ とすると，$U'(x) = u(x), V'(x) = v(x)$ で，上の条件を満たしている．従って，

$$\int_a^b f(x)dx = \int_a^b u(x)dx + i\int_a^b v(x)dx$$
$$= U(b) - U(a) + i(V(b) - V(a)) = F(b) - F(a).$$

(1.30)　分割を選んだときの和 S について

$$\left|\sum_{\nu=1}^n f(\xi_\nu)(x_\nu - x_{\nu-1})\right| \leq \sum_{\nu=1}^n |f(\xi_\nu)|(x_\nu - x_{\nu-1})$$

である．$f(x)$ が連続なら，$|f(x)|$ も連続だから，上式の右辺も収束する．よって，

$$\left|\int_a^b f(x)dx\right| \leq \int_a^b |f(x)|dx.$$

問 1.4.2

$$\int_C f(z)dz = \int_C (udx - vdy) + i\int_C (udy + vdx)$$
$$= \int_\alpha^\beta u(x(t), y(t))\frac{dx}{dt}dt - \int_\alpha^\beta v(x(t), y(t))\frac{dy}{dt}dt$$
$$+ i\left(\int_\alpha^\beta u(x(t), y(t))\frac{dy}{dt}dt + \int_\alpha^\beta v(x(t), y(t))\frac{dx}{dt}dt\right)$$
$$= \int_\alpha^\beta \left(u\frac{dx}{dt} - v\frac{dy}{dt} + +i\left(u\frac{dy}{dt} + v\frac{dx}{dt}\right)\right)dt.$$

$(u + iv)(\frac{dx}{dt} + i\frac{dy}{dt}) = u\frac{dx}{dt} - v\frac{dy}{dt} + i(u\frac{dy}{dt} + v\frac{dx}{dt})$ であり，$\frac{dz}{dt} = \frac{dx}{dt} + i\frac{dy}{dt}$ であるから，

$$\int_C f(z)dz = \int_\alpha^\beta f(z(t))\frac{dz}{dt}dt$$

となる.

問 1.5.1

(1) R の定義より，$r < |z_0| < R$ を満たし $\sum c_n z_0^n$ が収束する z_0 が存在する．よって，命題 1.5.1 より，$|z| \le r$ で，$\sum_n c_n z^n$ は一様絶対収束する.

(2) $|z| > R$ のときに，$\sum_n c_n z^n$ が収束するとする．ところが，R は収束する z の絶対値の上界の最小値であるから，$|z| \le R$ でなければならない．これは矛盾.

問 1.5.2

(1.43)
$$c_n = \frac{1}{n!}, \quad \frac{1}{R} = \lim_{n\to\infty} \frac{|c_{n+1}|}{|c_n|} = \lim_{n\to\infty}\frac{1}{n+1} = 0$$

(1.44) $w = z^2$ とおいて，級数を $z\sum_{n=0}^\infty \frac{(-1)^n}{(2n+1)!}w^n$ とすると，

$$c_n = \frac{(-1)^n}{(2n+1)!}, \quad \frac{|c_{n+1}|}{|c_n|} = \frac{(2n+1)!}{(2(n+1)+1)!} = \frac{1}{(2n+3)(2n+2)}.$$

よって，$n \to \infty$ のとき，$\frac{|c_{n+1}|}{|c_n|} \to 0$．よって，$w$ について収束半径は無限大．つまり，任意の w について収束する．よって，任意の z について収束する.

よって，$R = \infty$.

(1.45) (1.44) と同様.

問 **1.5.3**

(1.46) 項別微分すればよい.

(1.47) n が偶数のときと奇数のときに分ければよい.

(1.48) まず，次のことに注意する．詳細は，微分積分学の教科書を参照.

(1) 2つの添字を持つ級数 $\sum_{m,n} c_{m,n}$ について考える．(m,n) を順序づけて自然数 l と 1 対 1 対応させ (m_l, n_l) とする．対応づけは無限個考えられるが，そのうちの一つが絶対収束すれば他も全て絶対収束する.

(2) 絶対収束級数はどのように並べかえても絶対収束し，収束値も等しい.

(3) 2つの級数 $\sum_{n=0}^{\infty} c_n$, $\sum_{n=0}^{\infty} c'_n$ が絶対収束すれば，$\sum_{m,n} c_m c'_n$ も絶対収束し，

$$\sum_{m,n} c_m c'_n = \sum_{n=0}^{\infty} c_n \cdot \sum_{n=0}^{\infty} c_n$$

となる.

従って，

$$e^{z_1} e^{z_2} = \sum_{m=0}^{\infty} \frac{z_1^m}{m!} \cdot \sum_{n=0}^{\infty} \frac{z_2^n}{n!} = \sum_{m,n} \frac{z_1^m}{m!} \frac{z_2^n}{n!}.$$

右辺の級数はどのように並べかえても収束してその値は同じになるので，$m + n$ が一定の値 l の項をまとめると，

$$\sum_{m+n=l} \frac{z_1^m}{m!} \frac{z_2^n}{n!} = \sum_{m=0}^{l} \frac{z_1^m}{m!} \frac{z_2^{l-m}}{(l-m)!} = \sum_{m=0}^{l} {}_l C_m \frac{z_1^m z_2^{l-m}}{l!} = \frac{1}{l!} (z_1 + z_2)^l.$$

従って，

$$e^{z_1} e^{z_2} = \sum_{l=0}^{\infty} \frac{1}{l!} (z_1 + z_2)^l = e^{z_1 + z_2}.$$

(1.49) (1.48) で，$z_1 \to i z_1$, $z_2 \to i z_2$ として (1.47) を用いると，

$\cos(z_1 + z_2) + i \sin(z_1 + z_2)$

$\qquad = \cos z_1 \cos z_2 - \sin z_1 \sin z_2 + i(\sin z_1 \cos z_2 + \cos z_1 \sin z_2)$ (1)

となる．式 (1) で $z_1 \to -z_1$, $z_2 \to -z_2$ とすると，$\cos(-z) = \cos z$, $\sin(-z) = -\sin z$ を用いて，

$$\cos(z_1 + z_2) - i\sin(z_1 + z_2)$$
$$= \cos z_1 \cos z_2 - \sin z_1 \sin z_2 - i(\sin z_1 \cos z_2 + \cos z_1 \sin z_2) \quad (2)$$

となる．$\frac{(1)+(2)}{2}$, $\frac{(1)-(2)}{2i}$ とすると，(1.49) が導かれる．

問 1.6.1

閉曲線なので始点と終点は等しい，つまり，$z(\alpha) = z(\beta)$．従って，微分積分学の基本公式より，

$$\int_C f(z)dz = [F(z)]_{z(\alpha)}^{z(\beta)} = F\big(z(\beta)\big) - F\big(z(\alpha)\big) = 0.$$

問 1.6.2

(1) e^z の原始関数は e^z なので，

$$\int_C e^z dz = [e^z]_{z_0}^{z_1} = e^{z_1} - e^{z_0}.$$

(2)

$$\int_C \sin z\, dz = [-\cos z]_{z_0}^{z_1} = -\cos z_1 + \cos z_0.$$

(3)

$$\int_C \cos z\, dz = [\sin z]_{z_0}^{z_1} = \sin z_1 - \sin z_0.$$

問 1.6.3

C 内に C_1, C_2 がある場合を例にとって証明する．図 9.1(a) のように，2 つの閉曲線 C_3, C_4 をつけ加える．すると，$C' = C + C_1 + C_2 + C_3 + C_4$ は図 9.1(b) のような単純閉曲線となり，その内部で $f(z)$ は正則であるから定理 1.6.5 より

$$\int_{C'} f(z)dz = 0$$

となる．一方，C_3, C_4 に沿う $f(z)$ の積分は 0 であるから (1.60) が得られる．

問 1.7.1 $f(z)$ は $z = a$ で連続であるから，任意の $\varepsilon > 0$ に対して，$\delta > 0$ が

存在して，$|z - a| < \delta$ なら，$|f(z) - f(a)| < \frac{\varepsilon}{2\pi}$ となる．従って，$\rho < \delta$ とするとき，$\theta \in [0, 2\pi]$ に対して，$|f(a + \rho e^{i\theta}) - f(a)| < \frac{\varepsilon}{2\pi}$ となる．よって，

$$\left| \int_0^{2\pi} (f(a + \rho e^{i\theta}) - f(a))d\theta \right| \leq \int_0^{2\pi} |f(a + \rho e^{i\theta}) - f(a)|d\theta < \int_0^{2\pi} \frac{\varepsilon}{2\pi}d\theta = \varepsilon.$$

よって，$\lim_{\rho \to 0} \int_0^{2\pi} (f(a + \rho e^{i\theta}) - f(a))d\theta = 0$ となる．

問 1.7.2

C_1 上に 2 点 P_1, Q_1 をとり，それらと連続変形で対応する C_2 上の点を P_2, Q_2 とする．また，連続変形の途中の P_1 から P_2 への経路を C_{P12} とし，Q_1 から Q_2 への経路を C_{Q12} とする．閉曲線 C_3 を，$C_{P12} + (C_2$ 上を時計回りに P_2 から Q_2 へ至る経路$)+(-C_{Q12}) + (C_1$ 上を反時計回りに Q_1 から P_1 へ至る経路$)$ とする（下図右の実線）．また，閉曲線 C_4 を，$(C_1$ 上を反時計回りに P_1 から Q_1 へ至る経路$)+C_{Q12}+(C_2$ 上を時計回りに Q_2 から P_2 へ至る経路$)+(-C_{P12})$ とする（下図右の点線）．

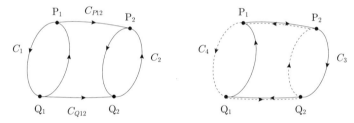

C_1 は D 内で C_2 に変形可能なので，閉曲線 C_3 とその内部は D 内にある．従って，閉曲線 C_3 とその内部は，D 内のある単連結領域に含まれる．閉曲線 C_4 についても同様である．従って，定理 1.6.5 より，

$$\int_{C_3} f(z)dz = 0, \quad \int_{C_4} f(z)dz = 0.$$

よって，

$$\int_{C_3} f(z)dz + \int_{C_4} f(z)dz = \int_{C_1} f(z)dz - \int_{C_2} f(z)dz = 0.$$

問 1.8.1

$\arg z = \operatorname{Arg} z + 2\pi n$ とする．ここで，n は整数．

$$w = e^{m \log z} = e^{m(\log |z| + i \arg z)} = |z|^m e^{mi(\mathrm{Arg}\ z + 2\pi n)}$$
$$= |z|^m e^{mi\mathrm{Arg}\ z + i2\pi nm} = |z|^m e^{mi\ \mathrm{Arg}\ z} = (|z|e^{i\ \mathrm{Arg}\ z})^m = z^m.$$

問 1.8.2

$$D_{2l} = \{(2l-1)\pi < \arg z < (2l+1)\pi, z \neq 0\}$$

であるから，$l = 0, 1, \cdots, n-2$ の場合，D_{2l} の切断の上側の偏角は $(2l+1)\pi$，$D_{2(l+1)}$ の切断の下側の偏角は $(2l+1)\pi$ であり一致しているので，それらをつなぐ．一方，$D_{2(n-1)}$ の切断の上側の偏角は，$(2n-1)\pi$ であるが，そこでは，

$$z^{\frac{m}{n}} = |z|^{\frac{m}{n}} e^{i\frac{m}{n}(2n-1)\pi} = |z|^{\frac{m}{n}} e^{-i\frac{m}{n}\pi}$$

である．D_0 の切断の下側の偏角は，$-\pi$ であり，そこでは，

$$z^{\frac{m}{n}} = |z|^{\frac{m}{n}} e^{i\frac{m}{n}(-1)\pi} = |z|^{\frac{m}{n}} e^{-i\frac{m}{n}\pi}$$

となり，関数値は一致するので，それらをつなぐ．n 枚の各シート $D_0, D_2,$ $\cdots, D_{2(n-1)}$ で関数値は異なる値をとり，上のようにこれらのシートをつないだものが，$z^{\frac{m}{n}}$ のリーマン面である．

問 1.9.1

D 内の曲線を C とする．C 上の点を z_0 とする．z_0 の任意の近傍 U をとる．曲線は連続だから，U 内に z_0 と異なる C の点がある．つまり，z_0 は C の集積点．従って，C は D 内に集積点を持ち，C で $f(z) = g(z)$ なので，D で $f(z) = g(z)$.

問 1.11.1

a は k 位の極なので，主要部は

$$\sum_{n=1}^{k} \frac{c_{-n}}{(z-a)^n}.$$

よって，

$$(z-a)^k f(z) = (z-a)^k \sum_{n=1}^{k} \frac{c_{-n}}{(z-a)^n} + \sum_{n=0}^{\infty} c_n (z-a)^{n+k}.$$

各項は $(z-a)$ の 0 次以上のベキ．これを，$k-1$ 回微分して，$z \to a$ の極限

をとると，ちょうど $k-1$ 次のベキの項のみが残る．従って，

$$\frac{1}{(k-1)!}\lim_{z\to a}\frac{d^{k-1}}{dz^{k-1}}\big((z-a)^k f(z)\big)=\frac{1}{(k-1)!}\lim_{z\to a}\frac{d^{k-1}}{dz^{k-1}}c_{-1}(z-a)^{k-1}$$
$$=\frac{1}{(k-1)!}\lim_{z\to a}c_{-1}(k-1)!=c_{-1}.$$

問 1.12.1

$f(\theta)=\theta-\sin\theta,\quad g(\theta)=\sin\theta-\frac{2}{\pi}\theta$ とする．

$$f'(\theta)=1-\cos\theta\geq 0.$$

$f(0)=0$ なので，$\theta\geq 0$ で $f(\theta)\geq 0$.

$$g'(\theta)=\cos\theta-\frac{2}{\pi}.$$

$\cos\theta-\frac{2}{\pi}=0$ の $0\leq\theta\leq\frac{\pi}{2}$ での解を θ^* とすると，

$$0<\theta<\theta^* \text{ で }\cos\theta-\frac{2}{\pi}>0,\text{ つまり},g'(\theta)>0,$$
$$\theta^*<\theta<\frac{\pi}{2} \text{ で }\cos\theta-\frac{2}{\pi}<0,\text{ つまり},g'(\theta)<0.$$

よって，$g(\theta^*)=\sin\theta^*-\frac{2}{\pi}\theta^*$ が最大値，$g(0)=0$，$g(\frac{\pi}{2})=1-1=0$. よって，$0\leq\theta\leq\frac{\pi}{2}$ で $g(\theta)\geq 0$.

問 1.15.1

$z=x+iy,\ z^*=x-iy,\ x=\frac{z+z^*}{2},y=\frac{z-z^*}{2i}$ の関係式より，直線の方程式 $ax+by+c=0$ を z,z^* で表すと，

$$Az+A^*z^*+c=0,$$
$$A=\frac{a}{2}-i\frac{b}{2}$$

となる．よって，直線の方程式は，A を複素数，c を実数として，$Az+A^*z^*+c=0$ となる．一方，円の方程式 $x^2+y^2+2ax+2by+c=0,\ (a^2+b^2>c)$ は，

$$zz^* + Az + A^*z^* + c = 0,$$
$$A - a - ib$$

となる．よって，円の方程式は，A を複素数，c を実数，$AA^* > c$ として，$zz^* + Az + A^*z^* + c = 0$ となる．直線も円も $c = 0$ のとき原点を通る．

(a) 直線，$Az + A^*z^* + c = 0$ を $z = \frac{1}{w}$ により w で表し，ww^* を掛けると，

$$A\frac{1}{w} + A^*\frac{1}{w^*} + c = 0,$$
$$Aw^* + A^*w + cww^* = 0$$

となる．よって，原点を通る直線 $(c = 0)$ は原点を通る直線にうつり，原点を通らない直線 $(c \neq 0)$ は原点を通る円にうつる．

(b) 円 $zz^* + Az + A^*z^* + c = 0$, $(AA^* > c)$ についても同様な変形を行うと，

$$\frac{1}{ww^*} + A\frac{1}{w} + A^*\frac{1}{w^*} + c = 0,$$
$$1 + Aw^* + A^*w + cww^* = 0$$

となる．よって，原点を通る円 $(c = 0)$ は原点を通らない直線にうつり，原点を通らない円 $(c \neq 0)$ は原点を通らない円にうつる．

第 2 章
問 2.1.1

$c > 0$ として，$w = cz^n$ を考える．$z = re^{i\theta}$ とし，$w = u + iv$ とおくと，

$$w = cr^n e^{in\theta},\ u = cr^n \cos(n\theta),\ v = cr^n \sin(n\theta).$$

$v = 0$ とすると，$n\theta = k\pi$, $k = 0, \pm 1, \pm 2, \cdots$. よって，$\theta = \frac{k}{n}\pi$. 従って，$v$ が等電位面．となりあう等電位面のなす角は $\frac{\pi}{n}$. 電位は，$\phi = v = cr^n \sin(n\theta)$, 電場は，$E_r = -\frac{\partial}{\partial r}\phi = -ncr^{n-1}\sin(n\theta)$, $E_\theta = -\frac{\partial}{r\partial\theta}\phi = -cr^{n-1}\cos(n\theta)$. 電気力線は，$u = $ 一定の曲線，$cr^n \cos(n\theta) = $ 一定．

第 9 章

問 9.3.1

$S_n = \sum_{k=1}^{n} c_k$ とする.

$\sum_{n=1}^{\infty} c_n$ が収束する $\iff S_n$ が収束する. (9.4) より, S_n が収束する $\iff$ 任意 の $\varepsilon > 0$ に対して, 自然数 N が存在して, $N < m < n$ なら $|S_n - S_m| = |c_{m+1} + \cdots c_n| < \varepsilon$ となる.

問 9.3.2 $S_n = \sum_{k=1}^{n} c_k$ とすると $\sum_{n=1}^{\infty} c_n$ が収束するとは S_n が収束することなの

で, $\displaystyle\lim_{n\to\infty} c_n = \lim_{n\to\infty}(S_{n+1} - S_n) = \lim_{n\to\infty} S_{n+1} - \lim_{n\to\infty} S_n = 0.$

問 9.7.1

$$(|\varphi(t_i) - \varphi(t_{i-1})| + |\psi(t_i) - \psi(t_{i-1})|)^2$$
$$\geq (\varphi(t_i) - \varphi(t_{i-1}))^2 + (\psi(t_i) - \psi(t_{i-1}))^2$$

であるから,

$$|\varphi(t_i) - \varphi(t_{i-1})| + |\psi(t_i) - \psi(t_{i-1})|$$
$$\geq \sqrt{(\varphi(t_i) - \varphi(t_{i-1}))^2 + (\psi(t_i) - \psi(t_{i-1}))^2}.$$

よって,

$$\varphi_\Delta + \psi_\Delta \geq L_\Delta. \tag{3}$$

一方,

$$\sqrt{(\varphi(t_i) - \varphi(t_{i-1}))^2 + (\psi(t_i) - \psi(t_{i-1}))^2} \geq |\varphi(t_i) - \varphi(t_{i-1})|,$$
$$\sqrt{(\varphi(t_i) - \varphi(t_{i-1}))^2 + (\psi(t_i) - \psi(t_{i-1}))^2} \geq |\psi(t_i) - \psi(t_{i-1})|.$$

従って,

$$L_\Delta \geq \varphi_\Delta, \quad L_\Delta \geq \psi_\Delta. \tag{4}$$

φ, ψ が I の上で有界変動なら, (3) より, C の長さは有限. C の長さが有限 なら, (4) より, φ, ψ は I の上で有界変動.

文　献

本書で扱った，関数論，特殊関数等の参考書は多岐にわたるが，以下では，担当執筆者が参考にしたものを中心に章ごとに挙げる．

1, 2 章の参考図書

- 三村征雄 著，『微分積分学 I, II』（岩波全書），岩波書店，1970, 1973.
- 小池茂昭 著，『微分積分』，数学書房，2010.
- 田村二郎 著，『解析函数』，裳華房，1962.
- 辻正次 著，『複素函数論』，槙書店，1968.
- L. V. アールフォルス著，笠原乾吉 訳，『複素解析』，現代数学社，1982.
- 渡部隆一・宮崎浩・遠藤静男 著，『複素関数』（演習　工科の数学 4），培風館，1972.
- 寺沢寛一 著，『自然科学者のための数学概論　増訂版』，岩波書店，1983.
- 砂川重信 著，『理論電磁気学』，紀伊國屋書店，1965.
- 角谷典彦 著，『連続体力学』，共立出版，1969.

3〜8 章の参考図書

- 永宮健夫著，『応用微分方程式論』，共立出版，1967.
- 福山秀敏・小形正男著，『物理数学 I』，朝倉書店，2003.
- 有馬朗人・神部勉著，『物理のための数学入門　複素関数論』，共立出版，1991.

- 寺沢寛一著，『自然科学者のための数学概論（増訂版）』，岩波書店，1983.
- E. T. Whittaker and G. N. Watson, "*A Course of Modern Analysis*" 4th ed., Cambridge University Press, 2009.
- 小松勇作著，『特殊函数』，朝倉書店，1967.
- ジョージ・アルフケン・ハンス・ウェーバー著，権平健一郎・神原武志・小山直人訳，『特殊関数』，講談社，2001.

索　引

〈著者紹介〉

上江洌　達也（うえず　たつや）

1955 年　沖縄県生まれ
1978 年　京都大学理学部卒業
1983 年　京都大学大学院理学研究科博士課程修了
奈良女子大学理学部物理学科助手，助教授，同大学大学院人間文化研
究科教授，同大学研究院自然科学系教授を歴任し，
2021 年　奈良女子大学定年退職
現　　在　奈良女子大学名誉教授，理学博士

吉岡　英生（よしおか　ひでお）

1964 年　京都府生まれ
1988 年　名古屋大学理学部卒業
1993 年　東京大学大学院理学系研究科博士課程修了
名古屋大学理学部助手，奈良女子大学理学部助教授を経て，
現　　在　奈良女子大学研究院自然科学系教授，博士（理学）

理工系のための関数論

Complex Function Theory for
Students of Science and Technology

2021 年 6 月 30 日　初版 1 刷発行

著　者　上江洌達也　　ⓒ 2021
　　　　吉岡英生

発行者　南條光章

発行所　**共立出版株式会社**

〒112-0006
東京都文京区小日向 4-6-19
電話番号　03-3947-2511（代表）
振替口座　00110-2-57035
www.kyoritsu-pub.co.jp

印　刷　大日本法令印刷

製　本　ブロケード

検印廃止
NDC 413.5, 421.5

ISBN 978-4-320-11453-1

一般社団法人
自然科学書協会
会員

Printed in Japan

毎日コツコツ演習！ 1日1題30日でわかる!!

フロー式 物理演習シリーズ

須藤彰三・岡 真［監修］／全21巻刊行予定

www.kyoritsu-pub.co.jp

共立出版

（価格は変更される場合がございます）

 https://www.facebook.com/kyoritsu.pub